実践 情報I サブノート  もくじ

◆ このノートは，教科「情報」の授業展開がイメージできるようにつくられています。
◆ 教科書で扱う「課題」「実習例」の学習が無理なく進められるようになっています。
◆ 章末には，教科書の章末問題の解答欄やMemo欄を設けています。

まとめよう 教科書本文の記述内容の理解を深め，まとめを行う。

やってみよう 教科書の「実習例」や「課題」を整理する問題。

右のQRコードを読み取ることで，サブノートに関連するコンテンツにアクセスすることができます。

以下のURLからも参照できます。
http://www.kairyudo.co.jp/r4kjsn

1節 情報機器を使うために必要なこと

((・1・)) 身の回りの情報機器と 学校でのルール

> 身の回りの情報機器や学校でのルールにはどのようなものがあるだろうか

まとめよう

教科書の1-1図を参考に，情報機器の発達によって実現したことをまとめてみよう。

教科書の1-1図を参考に，情報機器の発達によって期待される社会の変化を書いてみよう。

自分たちの学校のコンピュータ室のルールやマナーについてまとめてみよう。

....

....

....

....

....

学習の キーワード □情報社会

実践 情報Ⅰ サブノート
―解答編―
〈解答・記入例〉

開隆堂

まとめよう

教科書の1-1図を参考に，情報機器の発達によって実現したことをまとめてみよう。

ナビゲーション	GPS（位置情報）機能を使用することで，目的地まで案内してくれる。
電子決済	現金を持ち歩かなくても，スマートフォンで支払いができる。
ストリーミング	インターネットに接続して，動画や音楽を利用することができる。
ゲーム・SNS	世界中のユーザとつながることができ，通信対戦などもできる（ソーシャルゲーム）。

教科書の1-1図を参考に，情報機器の発達によって期待される社会の変化を書いてみよう。

パーソナルロボット	人型のロボットが家庭に導入され，日常生活のアシスタントをしてくれる。
自動運転技術	自家用車やバスなど自動運転によって目的地まで運転してくれる。
医療技術	ロボット技術の進歩により，より正確に原因を究明することができる。
災害対策	災害の発生や避難経路などの情報をより正確に伝えることができる。

まとめよう

教科書の1-1表を参考に，インターネットの特徴とその利点や問題点についてまとめてみよう。

特徴	利点	問題点
世界中に発信できる	意見交換が簡単にでき，さまざまな人と交流できる。	誹謗中傷や，匿名を利用した悪質な投稿もある。

①エ ②イ ③ウ ④ア

教科書の1-4図を参考に，安全なパスワードと危険なパスワードについてまとめよう。

安全なパスワード	危険なパスワード
・個人情報からは推測できないこと ・英単語などをそのまま使用していないこと ・アルファベットと数字が混在していること ・適切な長さの文字列であること ・類推しやすい並び方やその安易な組み合わせにしないこと	・自分や家族の名前，ペットの名前 ・辞書に載っているような一般的な英単語 ・同じ文字の繰り返しやわかりやすい並びの文字列 ・短すぎる文字列 ・電話番号や郵便番号，生年月日など，他人から類推されやすい情報やユーザIDと同じものなど

安全なパスワードを考えてみよう。そして，どのように作ったか説明してみよう。

例）好きな食べ物をローマ字で表記し，最初の2文字を並べる

momo, otya, susi, yakiniku→mootsuya

（1）	I am a student.	（2）	Let it be.
（3）	Cats like fish.		

2節 情報を伝えてみよう ····················· 4

1 伝えたいテーマを考えよう ········· 4

まとめよう

①ク　②オ　③イ　④ア　⑤キ
⑥コ　⑦エ　⑧ケ　⑨カ　⑩ウ

2 情報を収集しよう ························· 5

まとめよう

美術品の写真を撮って利用するときは，撮影許可や利用許可を取る。
音楽などを利用するときは，演奏している人などに，利用してよいか確認する。
Web ページの内容を利用するときは，利用の条件を確認する。
写真を取り込んで利用するときは，写真の持ち主などに利用してよいか確認する。
著名なキャラクターを手がきで模写しても，公開するときには許可が必要となるので留意する。
出典や引用先の情報に誤りはないか，情報の信ぴょう性・信頼性についても十分に留意する。

3 収集した情報を整理しよう ················· 6

まとめよう

情報を整理しよう
①エ　②ウ　③イ　④ア（③，④は順不同）

教科書p.17を読んで，トレードオフについてまとめてみよう。
トレードオフとは，一方の条件を満たすと他方が条件を十分に満たすことができない関係のこと。

トレードオフの関係になりそうなものを考えてみよう。
例）画像データの解像度が高ければ，画像は鮮明になるが，その分，データ量が増えることになる。

4 情報を処理・加工して表現しよう①
（文字や数値，画像などの表現） ················· 7

まとめよう

文字情報	1文の長さや漢字・カタカナ・英数字の使用量，文字のサイズや書体（フォント），段落構成などを工夫して表現する。目的に応じて書体や文字の組み方，余白や行間を工夫する。
数値情報	伝えたい内容の裏づけに数値を利用し，表やグラフにすると，より見やすく説得力のある情報になる。
画像情報	図やイラスト，写真を用いると視覚的に情報を伝えることができる。また，文字では表現できない情報を伝えることができる。画像を使うとその分，データ量が大きくなるので，適切な解像度に設定する。

5 情報を処理・加工して表現しよう②
（色に配慮した表現） ················· 8

まとめよう

①イ　②ウ　③ア　④エ　⑤オ

6 制作をふり返ろう ················· 9

まとめよう

例）
評価を行うことで作品をよりよいものにし，また，次回の取り組みに生かすことができる。

3節 情報伝達をふり返ってみよう ············· 10

1 コミュニケーションと情報デザイン①
（わかりやすい表現） ················· 10

まとめよう

①エ　②イ　③ウ　④ア　⑤オ

教科書p.25を読んで，情報を理解・利用しやすくする考え方としての次の用語の意味をまとめてみよう。

ユーザビリティ	利用状況における使いやすさのこと。表示される項目の位置や色，内容などを利用者に合わせて設定する。指標には有効性，効率性，満足度がある。
アクセシビリティ	さまざまな立場の人や異なる環境における，物やサービスの利用しやすさのこと。たとえば説明書では，図や絵を用いて説明することで，専門的な知識が少なくても理解することができる。
バリアフリー	点字や音声読み上げ機能の利用，使用する文字の色やサイズを支障なく読めるように考慮するなど，障がいのある人に対して妨げを取り除くこと。
ユニバーサルデザイン	障がいのある人に限らず，多くの人がわかりやすく快適に扱うことができる設計のこと。

教科書p.25「Look Around」を参考に，身の回りにある情報を理解・利用しやすくしている例を探してみよう。

例）

シャンプーのボトルは，目を閉じていても判別できるように，ノズルと側面に凹凸が付いている。

《2》 コミュニケーションと情報デザイン②
（情報デザインの構成要素） ………………… 11

まとめよう

教科書の1-18図を参考に，身の回りの広告やCM，Webサイトや雑誌などの情報では，受け手にわかりやすく伝えるためにどのような工夫をしているか調べてみよう。

例）新聞や雑誌

重要なことを大きなタイトル，リード文（概要）をはじめに置き，詳しくはその次や次ページなどに載せている。

教科書の1-19図を参考に，UDフォントの特徴についてまとめ，どのようなところで使用されているか探してみよう。

特徴　装飾を排する，濁点を大きくするなどして，誰にでも読みやすく，読み間違えにくくしている。

使われているところ　教科書の本文　など

要点の確認 ……………………………… 12

1節 情報機器を使うために必要なこと

1. ①イ　②エ　③ウ　④ア　⑤オ

2節 情報を伝えてみよう

1. （　⑤　）→（　③　）→（　①　）→
（　④　）→（　②　）

3節 情報伝達をふり返ってみよう

1. ①ウ　②イ　③エ　④ア　⑤オ

第2章　コミュニケーション

1節 コミュニケーションに必要なこと ……… 16
《1》 コミュニケーションとコミュニケーション手段 … 16

まとめよう

①ウ　②イ　③ア　④エ

教科書の2-1図を参考に，コミュニケーションが成立する過程を示した下の図の空欄に当てはまる言葉を入れてみよう。

①記号化　②解釈・理解　③記号化
④解釈・理解

《2》 コミュニケーションにおける
情報の適切な利用 …………………………… 17

まとめよう

教科書p.32-33を読んで，次の言葉の意味を調べてみよう。

メディアリテラシー	さまざまな情報の中から適切な情報を選択して意図を読み解き，内容の真偽を見分ける能力のこと。すべての人が身につけることを求められている。
プライバシーの権利	個人情報（名前や住所，電話番号など個人が特定できる情報や，個人に結び付いた情報）を人格権の一つととらえ，法律上の保護を受けるようにしたもの。

教科書の2-3図を参考に，さまざまな情報源とその特徴をまとめてみよう。

情報源	特徴
テレビ・ラジオ	ニュースなどの報道だけでなく，娯楽，学習，文化，スポーツなど，多岐にわたる情報が発信されている。速報性があり，社会への影響力も大きい。
新聞	その日に起こった出来事を報道する。記事や写真，専門家が書いた記事も掲載されている。新聞社のWebページに，記事の一部が掲載されている場合がある。
インターネット	個人，団体，企業，学校，政府など誰でも情報を発信することができる。専門家が作成した信頼性の高い情報も，個人がよく調べずに作成した不確かな情報も区別なく表示される。
図書館（公的資料・書籍）	図書や雑誌などの資料を利用したり，データベースで検索したり，インターネットを利用したりすることができる。図書館にある資料は，図書館員などによって選ばれた資料である。

教科書p.33を読んで，Webサイトでの情報発信をする際の注意点についてまとめてみよう。

例）

個人情報が流出しないよう注意する。

他人の写真を使う場合は，本人の了解を得る。

個人情報の保護とプライバシーの権利を十分考えて，情報を発信する。

まとめよう

①イ ②ア ③ウ

コンピュータを活用した処理と手作業による例について（　　　）に言葉を入れ，まとめてみよう。

①定型化　②複雑な　③短時間で
④自由な　⑤単独　⑥感性

教科書の2-1表を参考に，問題解決の4つのステップについてまとめてみよう。

問題解決のステップ	各ステップで行うこと
①問題の発見と課題の設定	・自分が抱えている問題を明らかにする。 ・問題のポイントを明確にし，「妨げている原因は何か」を基準に分類する。 ・解決目標を明確にし，解決のための課題を設定する。
②解決のための計画立案	・解決目標が成り立つ条件は何か，解決のために何が必要か，そのために何を調べるかなど，解決のための情報を収集する手段や，情報を整理・加工・分析する方法を計画する。
③解決に向けた活動	・いくつかの異なる方法で活動する。問題の解決は情報機器を用いた処理に限らず，手作業も含めて行う。
④結果の評価・活用	・活動によって導かれた結果を評価し，適切な結果なら活用する。満足できない結果であれば，どの段階に問題があるかを見きわめ，それを修正し，再度問題解決を行う。

まとめよう

①イ ②オ ③エ ④ア ⑤ウ

まとめよう

プレゼンテーション	相手の様子を見て，伝え方に変化を持たせることができる。 質問を受けたり，質問をしたりしながら内容を深められる。

Webページ	画像や動画，音を比較的簡単に扱うことができる。 相手のペースで見られるので細かな内容に触れられる。
ポスター・壁新聞	印刷をすることで，いろいろな場所で同時に情報を伝えられる。 道具がいらないので，広い範囲の人に伝えられる。
レポート・論文	書き方がしっかりできていれば，相手に論理的に情報を伝えられる。 発表する場所を選べば，発信した情報を興味のある人が詳しく読んでくれる。

まとめよう

教科書p.44を読んで，効果的な発表を行うための留意点や心構えをまとめてみよう。

例）自分の考えや意見が聞き手に伝わるような話し方を心がける。

熱意と自信を持って堂々と話す。

身だしなみや姿勢に気をつけて，軽く身ぶり手ぶりを入れたボディランゲージを交えて話す。

まとめよう

教科書の2-2表を参考に，次の3つの分類にあてはまるメディアの例を挙げてみよう。

分類	メディアの例
情報を表現するためのメディア	文字　音声　静止画　映像
情報を伝達・通信するためのメディア	新聞　雑誌　ラジオ　テレビ　インターネット　携帯電話
情報を記録・蓄積するためのメディア	紙　USBメモリ　SDカード

教科書の2-11図を参考に，次のコミュニケーションの手段を「時間」「場所」「方向性」の視点から分類してみよう。

手段	時間	場所	方向性
SNS	異なる	異なる	通常は双方向
Webページ	異なる	異なる	通常は一方向
掲示板	異なる	同じ	一方向

対話	同じ	同じ	双方向
チャット	同じ	異なる	双方向
テレビ会議	同じ	異なる	双方向
電子メール	異なる	異なる	一つのメールに関しては一方向
電話	同じ	異なる	双方向
プレゼンテーション	同じ	同じ	双方向

2 権利と法 …… 25

まとめよう

①ウ　②エ　③イ　④ア

教科書の2-12図を基に，身の回りにある知的財産権についてまとめてみよう。

①特許権　②実用新案権　③意匠権　④商標権

著作権

①イ　②エ　③ア　④ウ

教科書の2-3表を基に，個人の権利を保護するための法律についてまとめてみよう。

①電子署名法
②電子消費者契約法
③特定電子メール法
④青少年インターネット環境整備法

要点の確認 …… 26

1節 コミュニケーションに必要なこと

①ア　②イ　③ウ　④エ

2節 情報を利用した探究活動をしよう

①エ　②ア　③ウ　④イ

3節 探究活動をふり返ろう

1　①エ　②ア　③ウ　④イ
2　①イ，エ　②ア，オ　③ウ，カ

第3章 モデル化とシミュレーション，プログラミング

1節 情報を処理するしくみを知ろう …… 30

1 ハードウェア …… 30

まとめよう

ハードウェア

①ケ　②オ　③カ　④エ　⑤イ
⑥ウ　⑦ア　⑧キ　⑨ク

人における情報の処理を右図のように表した時，①〜⑤はどの機能にあたるだろうか。

①エ　②ア　③ウ　④イ　⑤オ

教科書の3-1図を基に，コンピュータの５つの機能とその役割，ハードウェアの例についてまとめてみよう。

機能	役割	ハードウェアの例
入力機能	データやプログラムを外部から取り込む。	マウス キーボード
出力機能	データやプログラムを外部に書き出したり表示したりする。	ディスプレイ プリンタ
記憶機能	データやプログラムを記憶する。	メモリ HDD
演算機能	算術演算，論理演算，比較判断などを行う。	CPU
制御機能	プログラムの命令を取り出して解釈し，装置などに指示し，実行させる。	CPU

2 コンピュータの内部処理 …… 31

まとめよう

コンピュータの内部処理

①エ　②イ　③ア　④ウ　⑤オ

アナログとデジタル

アナログとは	連続的に変化するものを切れ目のない連続した量で表したもの。
デジタルとは	連続的に変化するものを切れ目のある段階的な値で表したもの。

２進数と16進数

①ア　②エ　③ウ　④イ

3 ソフトウェア …… 32

まとめよう

ソフトウェアとは，コンピュータの動作手順を記述したプログラムの集まりのことである。

①エ　②ア　③オ　④キ

（　①　）の例を挙げてみよう。

Windows　iOS　iPadOS　Android
TRON　Google Chrome OS　Linux

⑤ウ　⑥イ　⑦カ

（　⑤　）の例を挙げてみよう。
文書処理ソフトウェア　表計算ソフトウェア
プレゼンテーションソフトウェア
PDF閲覧ソフトウェア　Webブラウザ

右の図を見て，基本ソフトウェアと応用ソフトウェアのはたらきをまとめてみよう。
①イ　②ウ　③エ　④ア

2節 モデル化とシミュレーション ………… 34

《1》 モデルの役割 ……………………………… 34

まとめよう

教科書の3-6図を参考に，モデルを表現方法によって分類してみよう。
①ウ　②イ　③オ　④エ　⑤ア

教科書の3-7図を参考に，モデルを対象の特性によって分類してみよう。
①静的　②動的　③確定　④確率

《2》 ものごとをモデル化しよう ………………… 35

まとめよう

①エ　②オ　③イ　④ア　⑤ウ

《3》 シミュレーションの役割 ………………… 36

まとめよう

①イ　②ウ　③エ　④ア

教科書p.62を読んで，シミュレータを用いたシミュレーションの利点をまとめてみよう。
例）
・いつ起こるかわからない現象で，実際には体験できにくい現象のシミュレーションを行うことができる。
・経費がかかり，実際のシステムを利用することが難しいシミュレーションを行うことができる。

教科書の3-9図，3-10図を参考に，身の回りにあるシミュレーションの例や，社会で役立てられているシミュレーションの例について調べてみよう。

シミュレーションの例	役割
景観シミュレータ	設計図に基づき景観をシミュレーションし，生活を行ううえで支障がないかなどを検証する。
避難のシミュレーション	学校で火災や地震などが起こった場合，どのように避難したらよいかシミュレーションする。たとえば，階段を下りる際に皆が一斉に下りようとすると混雑して動けなくなる，煙が充満しているときは床をはって避難することも必要となる，けが人がいる場合は救助が必要であるなど，さまざまな想定をしておくことで，もしもの時に役立てられる。
自動車運転のシミュレーション	実際の車で練習する方がよいが，車の事故を起こしては大変であるため，最初の練習に適している。

《4》 シミュレーションをしてみよう ……………… 37

まとめよう

①エ　②イ　③ア　⑤ウ

教科書p.65を読んで，シミュレーションで表計算ソフトウェアを用いる利点をまとめてみよう。
例）
・計算式を入力することで計算をすることができる。
・あらかじめ準備されている関数を用いることで，合計や平均などを素早く求めることができる。
・計算式の入った表（シート）を作成すれば，入力する数値を変えるだけで簡単に再計算ができる。
・シートのコピーができるので，結果がよいシートを残しておくことで，ほかの結果と比較検討することもできる。

やってみよう (p.64課題)

セルC2のボールの初速度をm／秒に変換する式を書こう。
=(C2/3600)*1000

セルC4の角度をラジアンに変換する式を書こう。
＝RADIANS(C4)

るかを決めておく。

・どの程度シミュレーションを行えばよいかの検証
　を行う。

・十分にシミュレーションを行ったら，統計処理を
　行うなど，さまざまな方法で結果を読み取る。

教科書の3-15図を基に，フローチャートに用いる記
号が何を表しているかまとめてみよう。

①データの入力や出力

②処理　③判断

④手作業入力

⑤プログラムの開始，終了

⑥繰り返しのはじまり

⑦繰り返しのおわり

⑧表示　⑨書類　⑩結合子

まとめよう

教科書の3-17図を基に，コンピュータに対する基本的な処理手順についてまとめてみよう。

処理名	順次処理	分岐処理	反復処理
説明	プログラムに書かれている順に行う処理。	条件によって次に処理する場所を切りかえる処理。	一定の範囲のプログラムを繰り返し実行する処理。
フローチャートの例			

教科書p.77の3-18図，3-19図のアルゴリズム
の例について空欄を埋めてみよう。
①aに値を入力　②a÷2の余りは0
③ループ　iは1から3まで　④s←s+a　⑤sの表示

3 プログラミング言語 ……………………… 44

まとめよう

①オ　②エ　③ア　④ウ　⑤イ

教科書の3-20図を参考に，使用する言葉が間違って
いた際に，人間とコンピュータとでどのような違い
があるだろうか，まとめてみよう。

人間の場合は，

少し言葉を間違っていたとしても，意味をくみ取っ
てくれる場合もある。

コンピュータの場合は，

正確に言葉が記述されなかったり，手順を示さなか
ったりすると，実行すらしてくれない。

教科書の3-5表を参考にプログラミング言語の種類
や特徴（主にどのような用途で使われているかなど）
について調べてみよう。

言語名	特徴
（例）JavaScript	ブラウザだけで動作確認ができ，Web系に強い。

4 プログラミングの手順 ……………………………………………………………… 45

まとめよう

①イ　②エ　③ア　④ウ

やってみよう (p.80実習例, p.81課題)

モンテカルロ法による円周率の計算の手順において，該当する部分のフローチャートに書き表してみよう。
また，マクロ言語によるプログラムで表してみよう。

モンテカルロ法による手順	フローチャート	マクロ言語によるプログラム
①1辺が1の正方形の中にランダムに点を打つ。	正方形内に ランダムに点を打つ	Randomize
②正方形の1辺を半径とした1/4の円の円内に入っている点の数と，正方形内のすべての点の数を数える。	原点からの距離を計算する／原点からの距離が1以内（No／Yes）→ 原点からの距離が1以内の点のカウントを増やす／カウントをそのままにする	x = Rnd y = Rnd r = x ^ 2 + y ^ 2 r = Sqr(r) If r <= 1 Then z = z + 1
③円内に入っている点の数を，すべての点の数で割り算する。	カウントした点の数を繰り返した回数（10回）で割る	p = z / (n-1) *4 MsgBox (p)
④割り算した値を4倍し，計算結果を表示する。	計算結果	

《5》 プログラムの評価 …………………………… 46

まとめよう

例)
・こちらが想定した結果と大きく異なってはいないか。
・バグが発生したときに，該当部分が探しやすくなっているか（誰もが理解しやすいプログラムとなっているか）。
・処理に時間がかかりすぎていないか。

やってみよう (p.82実習例)

この結果から，p.80のプログラムは，円周率の計算を行うプログラムとして，不適である

修正すべき点があれば書いてみよう。
実行回数が10回では少ないと感じるので，もっと実行回数を増やすようにプログラムの変更を行う。

《6》 プログラムとアルゴリズム① （並べかえ）… 47

まとめよう

①ク　②キ　③カ　④ウ　⑤イ
⑥ア　⑦オ　⑧エ

やってみよう (p.84,85実習例)

選択ソート

交換ソート

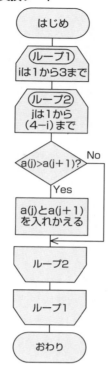

《7》 プログラムとアルゴリズム② （探索）………… 48

まとめよう

①ウ　②エ　③イ　④ア

やってみよう (p.86,87実習例)

線形探索

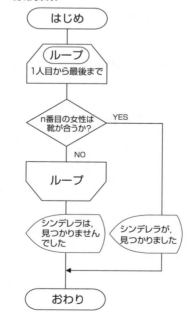

二分探索

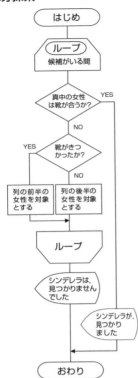

まとめよう

文字のデジタル化
①オ　②ア　③エ　④カ　⑤キ　⑥イ　⑦ウ

フォント
①ア　②イ　③エ　④ウ

まとめよう

①イ　②ア　③エ　④ウ

教科書3-25図を参考に，音のデジタル化の流れをまとめよう。

音声信号
音声信号を収集する。
標本化
波形を時間軸に沿って等間隔に区切り，その時間ごとの波形の高さを読み取る。
量子化
標本化で拾い出した値を，その値に最も近い整数のとびとびの値に変換する。
符号化
波形の高さの数値を0と1に置き換える。

まとめよう

①オ　②イ　③エ　④ウ　⑤ア

教科書p.95を読んで，画像の色の表現についてまとめてみよう。

	光の3原色	色の3原色
原色	赤（R），緑（G），青（B）	シアン（C），マゼンタ（M），イエロー（Y）
混色	（ 加法 ）混色 色を混ぜると（ 白 ）に近づく	（ 減法 ）混色 色を混ぜると（ 黒 ）に近づく
用途	ディスプレイの画面表示	カラープリンタ

①ウ　②ア　③イ　④エ

まとめよう

プログラミングの活用
①オ　②キ　③ウ　④イ　⑤ク
⑥ア　⑦エ　⑧カ

プログラムの効率的な開発
①エ　②オ　③ア　④イ　⑤ウ

教科書の3-22図を参考に，APIとライブラリについてまとめてみよう。

API	プログラムの機能をそのほかのプログラムでも利用できるようにするための規約。APIを公開することで，プログラム開発を効率化することができる。Web上で公開されているAPIを，Web APIという。
ライブラリ	さまざまな用途に用いることができる複数のプログラムを，一まとまりにしたもの。それ単体ではプログラムとして動作させることはできない。

まとめよう

	ラスタデータ	ベクタデータ
表現方法	画像を色のついた点（ドット）の集合として表現する方式。	画像を点の座標とそれを結ぶ線などをもとにした数値データを計算処理して表現する方式。
画像のイメージ	拡大・縮小等の編集を行うと，画質が劣化する。	拡大・縮小等を行っても，画質が劣化しない。
適した用途	微妙な色の変化を表現したい場合（写真など）。	線や面の輪郭がはっきりした画像を作成する場合（イラストや図面など）。
利点	圧縮を行わない場合，画質が劣化しない。	画像を自由に変形させることができる。
欠点	圧縮を行わない場合，データ容量が膨大になる。	複雑な輪郭線や配色を持つ図形には，処理が追いつかない。
拡張子	BMP，GIF，JPEG，PNG など	EPS，PDF，SVG など

画像のデータ量の違い
①イ ②ウ ③ア

まとめよう
①キ ②オ ③エ ④カ ⑤イ
⑥ウ ⑦ア ⑧ク ⑨ケ

1節 情報を処理するしくみを知ろう
1. ①ア ②オ ③ウ ④カ ⑤イ ⑥エ

2節 モデル化とシミュレーション
1. ①ウ ②イ ③ア

3節 プログラミングをしてみよう
1. ①ウ ②イ ③エ ④ア

4節 情報を処理するしくみについて深めよう
1. ①エ ②ア ③ウ ④キ ⑤オ ⑥カ ⑦イ

第4章 情報通信ネットワークとデータサイエンス

まとめよう

ドメイン名とIPアドレス
①エ ②カ ③オ ④イ ⑤ア ⑥ウ

通信プロトコル
①キ ②カ ③イ ④オ ⑤ア ⑥ウ ⑦エ

まとめよう
①キ ②イ ③ウ ④ク ⑤エ
⑥カ ⑦オ ⑧ア

まとめよう
教科書の4-1表を参考に，さまざまな分野の情報システムについてまとめてみよう。

分野	情報システム	活用例
商業	POSシステム	経営の効率化，売上分析，在庫管理
金融	電子決済システム	鉄道運賃支払，スマホ決済
情報交換	電子メール，チャット，SNS	人同士の交流，情報発信・受信
交通	ITS	渋滞緩和
防災	緊急地震速報システム	安全対策

教科書の4-7図を参考に，情報システムとの連携を表にまとめてみよう。

連携の種類	関係する情報システム	連携で生じる効果
物流システムの連携	POSシステム，EOS，配送システム，倉庫の在庫管理システム，工場のFAシステム	店舗の売り上げから自動的に製品の発注量が決められ，配送や製造量の調整を行うことで無駄や不足のない物流を実現している。工場からの原材料の発注も，必要に応じて行われ，ものを倉庫に保管しておく時間を少なくすることにより，コストを削減している。
防災システムの連携	防災の各システム，各省庁のシステム（電子政府），インターネットや携帯電話・放送媒体	さまざまな防災に関する情報が素早くわたしたちに伝わるようになってきている。

4 情報システムの利用 …………… 63

まとめよう

教科書p.108を読んで，情報システムを利用し，適切な情報を得るために注意しなければならないことをまとめてみよう。

例）
・自分が必要としている情報をよく理解したうえで，複数のサービスの情報を比較する。
・自分に関する情報を提供する際には，どのような情報を提供しているかを意識するとともに，取得できる情報と提供する情報の価値について評価したうえで情報システムを利用する。

教科書の4-8図を参考に，情報システムを利用し，適切な情報を得るために注意しなければならないことをまとめてみよう。

天気予報サービス	天気予報サービスでは，その地域の人が現在の天気を報告することで，その場所へ行きたい人などの参考になる。報告する人数が多いと，信頼できる情報になる。
ショッピングサイト	ショッピングサイトには，過去の閲覧履歴や購入履歴などから，おすすめする商品を表示するものがある。

2節 情報の安全を守るしくみを知ろう ……… 64

1 情報の安全に向けた対策 ……………… 64

まとめよう

①ア　②カ　③エ　④ケ　⑤イ
⑥オ　⑦コ　⑧サ　⑨ク　⑩キ　⑪ウ

2 通信における情報の安全を確保する技術 …… 65

まとめよう

①ケ　②イ　③ス　④ソ　⑤セ
⑥キ　⑦ウ　⑧サ　⑨コ　⑩ア
⑪シ　⑫エ　⑬カ　⑭オ　⑮ク

3節 データを活用してみよう ……………… 66

1 データの収集 ……………… 66

まとめよう

①エ　②ア　③ウ　④イ

教科書p.114-115を読んで，オープンデータについてまとめてみよう。

オープンデータとは	国や地方公共団体，民間企業が保有するデータのうちで，インターネットを通じて無償で提供され，加工・編集などの二次利用ができるようにしたもの
活用されている例	公共交通機関のルート検索，事故の予測などの情報や，スマートフォン向けアプリなど

2 データの蓄積と処理 ……………… 67

まとめよう

①イ　②オ　③カ　④キ　⑤ク
⑥ア　⑦ウ　⑧エ

まとめよう

教科書p.118を読んで，量的データと質的データについてまとめてみよう。

量的データとは，数値として記録されるデータのこと。　　例：身長，時間，人数，テストの点数　など

質的データとは分類や区別を表すデータのこと　　　　　　例：性別，血液型，好きな食べ物　など

教科書p.119を読んで，データと尺度の関係についてまとめてみよう。

データの種類	尺度	尺度の値の意味	例
質的データ	名義尺度	他と区別するための尺度。名前のようなもの。等しいかどうか。	性別，名前，電話番号，ID
	順序尺度	大小関係に意味があるが，その差や比率には意味がない。	テストの順位，震度
量的データ	間隔尺度	大小関係に加えて差にも意味がある。目盛りが等間隔。比率には意味がない。	温度，知能指数
	比例尺度	大小関係，差，比率すべてに意味がある。	長さ，質量，年齢，絶対温度

①カ　②エ　③ウ　④オ　⑤ア　⑥イ

まとめよう

①ア　②エ　③イ　④オ　⑤カ　⑥ウ

教科書の4-17図を読んで，次の言葉についてまとめてみよう。

最頻値	最も頻度が大きいデータの値。
平均値	各データの値をすべて足し合わせ，データの数で割ったもの。
中央値	データを大きなものから小さなものへ順に並べたとき真ん中にくるデータの値。

教科書の4-17図のヒストグラムの，最頻値，平均値，中央値を読み取ってみよう。

最頻値

　　3,000　　円

平均値

　　4,800　　円

中央値

　　4,000　　円

やってみよう (p.121課題)

名前	F	G	H	I	J	分散は
得点	69	70	70	70	71	0.4
平均点からの差	-1	0	0	0	1	標準偏差は
(平均点からの差)^2	1	0	0	0	1	0.63

5 量的データの分析 ················ 70

まとめよう

教科書p.122を読んで，平均値だけを見て，データの全体傾向をつかむことが危険とされる理由を書こう。

ほかのデータから明らかにかけ離れたデータが含まれている場合があるため。

教科書p.122を読んで，次の言葉についてまとめてみよう。

外れ値	ほかのデータから明らかにかけ離れた，極端に小さい値や大きい値。
異常値	外れ値の中で測定ミス，入力ミスなど原因がわかっているもの。
欠損値	回答し忘れた，意図的に回答しなかったなど，何らかの理由により記録されなかった値。

相関
①イ　②エ　③ウ　④オ　⑤ア

6 質的データの整理・分析 ············ 71

まとめよう

①オ　②イ　③ア　④エ　⑤ウ

教科書p.124-125を読んで，各データの分析方法についてまとめてみよう。

文章データの分析	動詞や助詞などの品詞分解を行うソフトウェアを活用する。次に単語の頻出回数や相関などの分析を行い，有用な情報を見つけ出して内容を把握する。
音のデータ分析	音声の周波数の変化を分析し，その形式に当てはまる文字に変換する。逆の作業を行えば音声を合成できる。
画像・動画のデータ分析	取得した画像・動画を構成するデータの形状などを分析することで認識する。

7 データの活用① ················ 72

まとめよう

教科書p.126を読んで，データの効率的な利用の工夫についてまとめてみよう。

情報システムとデータベースの連携	多種多様で大量のデータを使う情報システムでは，データベースと連携することでデータを整理し，効率よく管理している。

クッキー	アクセス履歴などを保存することができるファイル。サーバ側でクッキーを利用すれば，アクセス履歴から利用者のWebページに利用者がアクセスしたことのある広告などを掲示させることができる。
ストリーミング方式	通話や動画，音楽の利用時に，少しずつファイルをダウンロードしながら再生するため，待ち時間が少なくてすむ。
Webメール	ブラウザ上で利用できる電子メール。

社会でのデータ活用
①ア　②ウ　③イ　④エ

8 データの活用② ················ 73

まとめよう

教科書p.128を読んで，人工知能（AI）についてまとめてみよう。

例)
コンピュータがさまざまな情報を活用して，人間のような判断や推論を行うもの。

教科書p.128-129を参考に，人工知能の活用例についてまとめてみよう。

自動車	情報通信ネットワークと各種センサを使って運転をサポートする技術が発達している。交通標識や人，車などをAIが認識し，自動運転ができるような研究が進められている。
家	センサがついた機器を制御するHEMSが使われ始め，AIを使って，機器のアシスタントや制御をする製品も使われ始めている。
医療	情報通信ネットワークを利用した電子カルテや，遠隔医療が行われている。また，AIによって病気の診断や治療の支援をする研究が進められており，診断や治療の精度の向上や，医師の負担軽減などが期待されている。
防災	スマートフォンのGPSデータを活用し，スーパーコンピュータで避難シミュレーションを作成している。また，AIによってSNSなどから発信される大量の情報をリアルタイムで分析することで，災害の早期把握をする研究が行われている。

終章　未来を考えよう

まとめよう
　①イ　②オ　③カ　④キ　⑤ウ
　⑥ケ　⑦ア　⑧ク　⑨エ

実践 情報 I サブノート

解 答 編

開隆堂出版株式会社

〒113-8608　東京都文京区向丘1-13-1

BD

STEP 2 教科書 p.10 〜 11

(((2))) 快適で安全な使い方

> コミュニケーションの過程や特徴はどのようなものだろうか

まとめよう

教科書の1-1表を参考に，インターネットの特徴とその利点や問題点についてまとめてみよう。

特徴	利点	問題点

インターネット上のサービスを利用する際には，（①　　　）を作成し，（②　　　）と（③　　　）でログイン（認証）する。一人ひとりが実生活と同じようにルールやマナーを守ることが，（　②　）や（　③　）などの（④　　　）を守り，情報社会に参加するうえで大切である。

語群　ア．個人情報　　イ．ユーザID　　ウ．パスワード　　エ．アカウント

教科書の1-4図を参考に，安全なパスワードと危険なパスワードについてまとめよう。

安全なパスワード	危険なパスワード

安全なパスワードを考えてみよう。そして，どのように作ったか説明してみよう。

やってみよう（p.11課題）

教科書p.11のシーザー暗号を解いてみよう。

（1）		（2）		（3）	

学習のキーワード　□アカウント／□ユーザID／□パスワード

2節　情報を伝えてみよう

STEP 3　教科書 p.12 ～ 13

> 情報を効果的に伝えるとはどのようなことだろうか

《1》 伝えたいテーマを考えよう

まとめよう

　"情報" には，"データ" として表現される（①　　　）的な側面と，解釈され（②　　　）を持つ "情報" としての側面がある。"データ" は，事実や事象，事物などを（③　　　）や（④　　　），（①）などで表したものであり，特定の（②）や（⑤　　　）を持たない。

　"情報" は，事実や事象，事物を複数組み合わせて，特定の目的のために思いや（⑥　　　），（⑦　　　）を含んで表現される。

　"情報" は（⑧　　　）や（⑨　　　）に影響を与え，受け手や受けた場所，受けた時によって（⑩　　　）が変わる。

語群	ア．文字　　イ．数値　　ウ．価値　　エ．意図　　オ．意味　　カ．判断　　キ．目的
	ク．記号　　ケ．意思決定　　コ．主張

やってみよう （p.13実習例，課題）

　教科書p.13を例に，情報を伝える目的を考え，伝えたいテーマを決定しよう。

1　目的に応じたテーマをみんなで考え，下のような表をつくり，中央のますに目的を書く。
2　①〜⑧のますに自分の伝えたいテーマを一つ書き，次の人に渡して，一つずつ書いてもらう。
3　2の作業を繰り返して8ますを埋め，他の人の意見も参考にして，その中から伝えたいテーマを決定する。

①	②	③
④	目的	⑤
⑥	⑦	⑧

テーマの例
〇絶品のスイーツ
〇おすすめのお土産
〇ランドビュー

伝えたいテーマは，

学習の
キーワード
□情報／□データ

(((・2・))) 情報を収集しよう

> 情報を収集するときの注意
> 点は何だろうか

まとめよう

教科書の1-8図を参考に，情報を収集する際の注意点をまとめてみよう。

やってみよう（p.15実習例）

教科書p.15を例に，必要な情報をどのような方法で収集するか考え，情報収集をしよう。

必要な情報   収集手段 収集した情報（メモ書き程度で）

 学習の
キーワード　□著作権／□肖像権／□パブリシティ権

《•3•》 収集した情報を整理しよう

> 情報を整理するにはどう
> すればよいだろうか

まとめよう

情報を整理しよう

　収集した情報には，さまざまなものがあり，それらを（①　　　　）することで（②　　　　）に伝達することができる。（③　　　　）と（④　　　　）に合わせて伝えたい情報を整理する。

語群　ア．対象　　イ．目的　　ウ．効果的　　エ．整理・分析

　教科書p.17を読んで，トレードオフについてまとめてみよう。

> トレードオフとは，
>
>
>
> 　　　　　　　　　　　　　　　　　　　　　　　　　　　　　　　のこと。
>
> トレードオフの関係になりそうなものを考えてみよう。
>
>

やってみよう （p.17実習例，課題）

　教科書p.16-17を例に，情報をまとめ，文書処理ソフトウェアで表現してみよう。

> 収集した情報を整理してみよう。
>

　収集した情報を取捨選択し，対象に合わせて整理してみよう。

＿＿＿＿＿＿＿＿＿＿に向けた取捨選択	＿＿＿＿＿＿＿＿＿＿に向けた取捨選択

((•**4**•)) 情報を処理・加工して表現しよう①
（文字や数値，画像などの表現）

> 情報を見やすく伝えるにはどのような工夫があるだろうか

まとめよう

　伝えたい内容を相手に正しく理解してもらうためには，情報をどのように表現すれば効果的であるか。教科書p.18-19を読んで，表現方法の特徴などをまとめてみよう。

文字情報	
数値情報	
画像情報	

やってみよう （p.19実習例，課題）

　教科書p.19を例に，教科書p.17でまとめた情報を，わかりやすく表現してみよう。

わかりやすい表現にするために変更を行う点を，書き出してみよう。

変更点①

変更点②

変更点③

変更点④

学習の
キーワード　□文字情報／□数値情報／□画像情報

((5)) 情報を処理・加工して表現しよう②（色に配慮した表現）

受け手に配慮した表現とはどのようなものだろうか

まとめよう

色による表現の工夫

　色を使って表現すると，情報がより（①　　　）に伝わる。文字の色と背景色など，（②　　　）の関係に配慮し，効果的な配色を工夫しよう。

カラーユニバーサルデザインの考え方

　（③　　　）は人によって違い，見分けやすい色と見分けにくい色は人それぞれ違う。人間の（　③　）の多様性に配慮し，誰もが（④　　　）配色を行うことが求められている。このことをふまえて製品や施設・建築物，環境，サービス，情報を提供するという考え方を（⑤　　　）という。

語群　ア．色覚　　イ．適切　　ウ．色同士　　エ．利用しやすい　　オ．カラーユニバーサルデザイン

やってみよう （p.21実習例，課題）

　教科書p.21を例に，教科書p.19で処理・加工した情報を，配色に配慮した表現にしてみよう。

配色に配慮した表現にするために変更を行う点を，書き出してみよう。

○題字部分の配色は_____

　　理由_____

○_____の配色は_____

　　理由_____

○_____の配色は_____

　　理由_____

学習のキーワード　□配色／□カラーユニバーサルデザイン

STEP 8 教科書 p.22 ～ 23

《·6·》 制作をふり返ろう

> 作品の完成後の評価には，どのようなものがあるだろうか

まとめよう

教科書p.22を読んで，作品の評価を行う目的についてまとめてみよう。

（記入欄）

やってみよう （p.23実習例，課題）

教科書p.23を参考に，評価シートをつくり，自分で評価したり，友だちに評価してもらったりしよう。

	項目	判定（A～D）	理由・改善点
情報について			
表現について			

学習のキーワード

□ （作品の）評価

3節 情報伝達をふり返ってみよう

((•1•)) コミュニケーションと情報デザイン①（わかりやすい表現）

> 情報を伝達するために必要な情報デザインとは何だろう

まとめよう

（①　　　　）に応じて情報を収集し，整理・分析したうえで，相手にとってわかりやすく表現することを（②　　　　）という。私たちは，日常生活で人と（③　　　　）を図るときにも，情報を伝える（④　　　　）に合わせて伝え方を（⑤　　　　）させている。

語群　ア．対象　　イ．情報デザイン　　ウ．コミュニケーション　　エ．目的や状況　　オ．変化

教科書p.25を読んで，情報を理解・利用しやすくする考え方としての次の用語の意味をまとめてみよう。

ユーザビリティ	
アクセシビリティ	
バリアフリー	
ユニバーサルデザイン	

教科書p.25「Look Around」を参考に，身の回りにある情報を理解・利用しやすくしている例を探してみよう。

学習のキーワード　□情報デザイン／□ユーザビリティ／□アクセシビリティ／□バリアフリー／□ユニバーサルデザイン

《《2》》コミュニケーションと情報デザイン②
（情報デザインの構成要素）

> 情報デザインの構成要素には，どのようなものがあるだろうか

まとめよう

　教科書の1-18図を参考に，身の回りの広告やCM，Webサイトや雑誌などの情報では，受け手にわかりやすく伝えるためにどのような工夫をしているか調べてみよう。

　教科書の1-19図を参考に，UDフォントの特徴についてまとめ，どのようなところで使用されているか探してみよう。

特徴 ＿＿＿＿＿＿＿＿＿＿＿＿＿＿＿＿＿＿＿＿＿＿＿＿＿＿＿＿＿＿＿＿＿＿

使われているところ ＿＿＿＿＿＿＿＿＿＿＿＿＿＿＿＿＿＿＿＿＿＿＿＿＿＿＿

やってみよう

　教科書の1-19図を参考に，身の回りにあるピクトグラムを探してみよう。

見つけた場所 ＿＿＿＿＿＿＿＿＿＿＿＿＿＿＿＿＿＿＿＿＿＿＿＿＿＿＿＿＿

ピクトグラムの意味 ＿＿＿＿＿＿＿＿＿＿＿＿＿＿＿＿＿＿＿＿＿＿＿＿＿＿＿

　また，新しいピクトグラムを考えてみよう。

ピクトグラムを設置したい場所 ＿＿＿＿＿＿＿＿＿＿＿＿＿＿＿＿＿＿＿＿＿＿

ピクトグラムのデザイン

学習の
キーワード　□UDフォント／□ピクトグラム

要点の確認

1節 情報機器を使うために必要なこと

1．次の表の①〜⑤に当てはまる最も適当な内容をア〜オより選びなさい。

特徴	利点	問題点
誰にでも開放されている。	世界中の情報が得られる。	①
世界中に発信できる。	②	誹謗中傷や，匿名を利用した悪質な投稿もある。
伝播して広がる。	SNS などで情報を拡散することができる。	拡散した情報が変化し，うそや誤解が生じてしまうことがある。
③	多様な情報が入手できる。	取捨選択が困難で，貴重な少数意見を見失う可能性がある。
社会・文化への影響が大きい。	さまざまなデータや素材をダウンロードできる。	④
生活の一部である。	ツールとして有効に活用できる。	依存など，健康への影響もある。
⑤	公衆無線LAN を活用することにより，さまざまな店舗でアクセスできる。	品質やセキュリティに問題がある場合がある。

語群
ア．著作権や肖像権を侵害してしまうことがある。　　イ．情報の真偽はわからない。
ウ．情報量が膨大である。　　エ．意見交換が簡単にでき，さまざまな人と交流できる。
オ．どこでもつながれる。

解答欄

①	②	③	④	⑤

2節 情報を伝えてみよう

1．情報を伝える活動の流れについて，次の①〜⑤を正しい順番に並べかえなさい。

① 情報を整理する

② 評価・改善する

③ 必要な情報を収集する

④ 情報を処理・加工して表現する

⑤ 目的を定めて，伝えたいテーマを考える

解答欄

(　　　) → (　　　) → (　　　) → (　　　) → (　　　)

3節 情報伝達をふり返ってみよう

1．次の空欄に当てはまる最も適当な語句を語群より選びなさい。

●相手にとってわかりやすく表現することを（①　　　）といいます。

●ある利用状況における使いやすさを（②　　　）といい，さまざまな立場や環境における利用しやすさを（③　　　）といいます。また，障がいのある人に対して妨げを取り除くことを（④　　　）といい，障がいのある人に限らず使いやすい設計を（⑤　　　）といいます。

語群	ア．バリアフリー　　イ．ユーザビリティ　　ウ．情報デザイン エ．アクセシビリティ　　オ．ユニバーサルデザイン

解答欄

①	②	③	④	⑤

Memo

Memo

1節 コミュニケーションに必要なこと

STEP 11 教科書 p.30 ～ 31

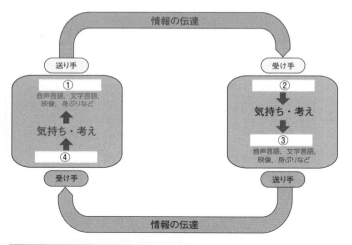

«1» コミュニケーションと コミュニケーション手段

> コミュニケーションの過程や特徴にはどのようなものがあるだろうか

まとめよう

　「送り手」は自分の考えやイメージを（①　　）（音声，文字，表情，身ぶりなど）して伝え，「受け手」は（　①　）されたものを自分の経験や知識，感性などを通して（②　　）し，意味を（③　　）する。この過程を繰り返して（④　　）が続けられる。

語群	ア．理解　　イ．解釈　　ウ．記号化　　エ．コミュニケーション

　教科書の2-1図を参考に，コミュニケーションが成立する過程を示した下の図の空欄に当てはまる言葉を入れてみよう。

情報の伝達

送り手
①
音声言語，文字言語，映像，身ぶりなど
気持ち・考え
④
受け手

受け手
②
気持ち・考え
③
音声言語，文字言語，映像，身ぶりなど
送り手

情報の伝達

①	
②	
③	
④	

やってみよう（p.31課題）

　教科書p.31の課題に取り組み，情報が正しく伝えられたか確認してみよう。

情報が正しく　　　　　　伝わった　　　　／　　　　　伝わらなかった
情報をうまく伝えられた要因や，うまく伝わらなかった原因を考えてみよう。

学習のキーワード　□記号化／□解釈

STEP **12** 教科書 p.32 〜 33

《2》 コミュニケーションにおける 情報の適切な利用

> 情報を扱うときに注意すべき権利にはどのようなものがあるだろうか

まとめよう

教科書p.32-33を読んで，次の言葉の意味を調べてみよう。

メディアリテラシー	
プライバシーの権利	

教科書の2-3図を参考に，さまざまな情報源とその特徴をまとめてみよう。

情報源	特徴

教科書p.33を読んで，Webサイトでの情報発信をする際の注意点についてまとめてみよう。

学習のキーワード　□メディアリテラシー／□プライバシーの権利

2節 情報を利用した探究活動をしよう

> 問題とその解決方法の4つのステップとは何だろうか

((•1•)) 問題解決の手段と考え方

まとめよう

問題とは,「(①   )(あるべき姿)と(②   )との(③   )」や「解決や解消を必要とする状況」などという意味である。

語群 ア. 現実　　イ. 目標　　ウ. ギャップ

コンピュータを活用した処理と手作業による例について（　　　　）に言葉を入れ,まとめてみよう。

コンピュータの活用がふさわしい例	手作業がふさわしい例
・(①)した作業を何回も繰り返して行いたいとき ・(②)計算処理が必要なとき ・大量のデータを(③)処理したいとき	・(④)発想で考察したいとき ・メモを取るなど,(⑤)の作業を手軽に行いたいとき ・人間の(⑥)に基づく情報を処理するとき

教科書の2-1表を参考に,問題解決の4つのステップについてまとめてみよう。

問題解決のステップ	各ステップで行うこと
①問題の発見と課題の設定	
②解決のための計画立案	
③解決に向けた活動	
④結果の評価・活用	

学習のキーワード □問題／□問題解決

STEP 14 教科書 p.36 ～ 37

((•2•)) 問題を発見し課題を設定しよう

> 問題を発見し，解決すべき課題を設定するにはどうすればよいだろうか

まとめよう

（①　　　）を持って身の回りの生活をふり返り，（②　　　）に思うことや（③　　　）のあることを書き出して，それがどうあるべきか（目標）現状をふまえて考え，（④　　　）を見つける。その（　④　）に関して情報を収集し，理解と知識を深めたうえで解決すべき（⑤　　　）を設定する。

語群	ア. 問題　　イ. 問題意識　　ウ. 課題　　エ. 興味　　オ. 疑問

やってみよう（p.37実習例，課題）

教科書p.37を例に，問題を見つけその解決のための課題を設定しよう。

1　問題意識を持って身の回りをふり返り，疑問に思うことや興味のあることを挙げてみよう。

> 教科書p.37以外の例：学校生活での自分の目標を１つ書いてみよう。
> 記述例）遅刻をしない，成績を上げる，部活で成績を残す

2　挙げたものがどうあるべきか，現状をふまえて考え，問題を見つけよう。

> 教科書p.37以外の例：学校生活での自分の目標を１つ書いてみよう。
> 記述例）朝起きが苦手で遅刻が多い，成績が伸び悩んでいる，試合に出られるようになりたい

3　情報を収集して，解決すべき課題を設定しよう。

> 教科書p.37以外の例：学校生活での自分の目標を１つ書いてみよう。
> 記述例）朝が得意な人の行動パターン，学習計画書を作る，どんな練習をすればよいのか調べる

収集した情報

設定した課題

学習のキーワード

□問題の発見／□解決の設定

((・3・)) 課題の解決に向けて 計画を立てよう

課題の解決に向けた計画を立てるには何が必要だろうか

やってみよう （p.39実習例，課題）

教科書p.39を例に，活動計画書を作成してみよう。

活動計画書

タイトル：発表するのにふさわしいタイトルをつけてみよう。

背景（課題設定の理由）：課題を立てた理由を明らかにしよう。

目的：活動の目的を明らかにしよう。

内容：具体的に何をするのか説明しよう。

研究手法：何を調べてどのような結論を得たか 書いてみよう。

発表手段：伝えるメディアを何にするか，利点・欠点を書き出してみよう。

予定表：具体的な計画を立ててみよう。

日にち	内容	分担

学習の キーワード □活動計画

《《・**4**・》》 活動しよう① （情報の活用）

> 活動計画に則って情報を
> 収集，整理・分析するには
> どうすればよいだろうか

やってみよう （p.41実習例，課題）

教科書p.41を例に，情報を収集，整理・加工，分析・考察をしてみよう。

教科書p.37で設定した課題について，次の手順で情報を収集，加工，考察してみよう。

> その他課題の例：サイバー犯罪，SNS，マルウェア

1 収集方法と得られた情報をまとめよう。

収集方法 （　　　　　　　　　　　　　　　　　　）
得られた情報（箇条書きで示してみよう）
・
・
・

2 得られた情報を，コンピュータを使って加工してみよう。グラフや表，画像や動画，テキストなどを使い分けてみよう。

（どのように表現するかイメージをまとめよう）

3 整理された情報を元にして，自分なりの分析をしてみよう。

（分析結果は箇条書きにしてみよう）
・
・
・

学習の
キーワード
□情報の収集／□情報の整理・分析／□情報の加工

（（・5・）） 活動しよう②（表現方法）

> 適切な方法で情報を表現するにはどうすればよいだろうか

まとめよう

教科書の2-9図を参考に，表現方法の種類と特徴をまとめてみよう。

プレゼンテーション	
Webページ	
ポスター・壁新聞	
レポート・論文	

やってみよう （p.43実習例，課題）

教科書p.43を例に，プレゼンテーションの準備をしてみよう。

発表原稿の全体構成とスライドの展開を考えて，発表原稿とスライドを作成しよう。

1　［序論］　これから伝えたい内容と結論を書いてみよう。

2　［本論］　結論に至った理由を書いてみよう。

3　［結論］　本論の内容を要約し，主張へ結びつけよう。

4　ラフスケッチを作成してみよう（各論で使うスライドの枚数や展開のしかたをまとめよう）。

学習の
キーワード　□プレゼンテーション

STEP **18** 教科書 p.44 ～ 45

((・6・)) 発表し，評価しよう

> 発表で大切なこと，評価のしかたにはどのようなものがあるだろうか

まとめよう

教科書p.44を読んで，効果的な発表を行うための留意点や心構えをまとめてみよう。

やってみよう （p.45実習例，課題）

プレゼンテーションの実施を受けて，自己評価や他者評価をしよう。

自己評価

評価項目	評価			
言いたいことが伝えられた	A	B	C	D
興味を感じてもらえた	A	B	C	D
わかりやすく伝えられた	A	B	C	D
	A	B	C	D

他者評価

評価項目	評価			
言いたいことが伝わった	A	B	C	D
興味を感じた	A	B	C	D
わかりやすかった	A	B	C	D
	A	B	C	D

コメント

今後に生かしていくために，改善すべき点について考えよう。

学習の
キーワード
□自己評価／□他者評価

3節 探究活動をふり返ろう

STEP 19 教科書 p.46 〜 47

((•1•)) メディアやコミュニケーション手段の種類

メディアとコミュニケーション手段にはどのような種類と特徴があるだろうか

まとめよう

教科書の2-2表を参考に，次の3つの分類にあてはまるメディアの例を挙げてみよう。

分類	メディアの例
情報を表現するためのメディア	
情報を伝達・通信するためのメディア	
情報を記録・蓄積するためのメディア	

教科書の2-11図を参考に，次のコミュニケーションの手段を「時間」「場所」「方向性」の視点から分類してみよう。

手段	時間	場所	方向性
SNS			
Webページ			
掲示板			
対話			
チャット			
テレビ会議			
電子メール			
電話			
プレゼンテーション			

学習の キーワード
□メディア／□コミュニケーション手段

STEP 20 教科書 p.48 〜 49

((•2•)) 権利と法

> 情報を利用する際にどのような権利と法があるだろうか

まとめよう

　私たちの身の回りには，個人や組織によって創造されたものが多くある。これらを（①　　　）として認める権利を，（②　　　）と呼ぶ。（　②　）には，発明やアイデアなどを保護する（③　　　）（工業所有権）と，文化的な創造物を保護するための（④　　　）がある。

語群　ア．著作権　　イ．産業財産権　　ウ．知的財産　　エ．知的財産権

教科書の2-12図を基に，身の回りにある知的財産権についてまとめてみよう。

種類	特徴
（①　　　　　　）	発明者が発明を独占的に使用しうる権利。
（②　　　　　　）	物品の形状，構造，組み合わせに係る考案を独占して使用する権利。
（③　　　　　　）	物品の形状・模様・色彩のデザインの創作についての権利。
（④　　　　　　）	文字，図形，記号，立体的形状やロゴマーク等の権利。

著作権

　著作者の権利として（①　　　）によって保護されており，（②　　　）と（③　　　）がある。また，実演家，レコード製作者，放送事業者など，著作物を一般に伝達する者に（④　　　）が認められている。

語群　ア．著作権　　イ．著作権法　　ウ．著作隣接権　　エ．著作者人格権

教科書の2-3表を基に，個人の権利を保護するための法律についてまとめてみよう。

（①　　　　　　）	電子署名が手書き署名や押印と同等に通用することを定めた。
（②　　　　　　）	インターネット上での商取引トラブルについて，電子消費者契約法では，消費者の操作ミスの救済や，契約成立の時期を規定している。
（③　　　　　　）	利用者の同意を得ずに広告，宣伝または勧誘等を目的とした電子メールを送信する際の規定を定めた法律。
（④　　　　　　）	インターネット上の有害情報から青少年を守るための法律。有害情報から青少年を守る措置などを義務づけている。

 学習のキーワード　　□知的財産（権）／□著作権（法）／□産業財産権

☑ 要点の確認

1節 コミュニケーションに必要なこと

1．次の空欄に当てはまる最も適当な語句を語群より選びなさい。

●情報の「送り手」は考えなどを音声，文字，表情，身ぶりなどで（①　　）して伝え，「受け手」はそれを，自分の経験や知識，感性などを通して（②　　）し，理解します。

●適切な情報を選択し，意図を読み解き，内容の真偽を見分ける能力を（③　　）といいます。また，名前や住所，電話番号など，個人が特定できる個人情報を人格権の一つととらえ，法律上の保護を受けるようにしたものを（④　　）の権利といいます。

語群　ア．記号化　　イ．解釈　　ウ．メディアリテラシー　　エ．プライバシー

解答欄

①	②	③	④

2節 情報を利用した探究活動をしよう

1．次の①～④のようなことを伝えたいとき，ア～エの方法の中から最も適切なものを選び答えなさい。

①文字や音声，画像，動画などを使い，聴衆の理解や反応を確認しながら話をして情報を伝えたい。

②情報を検索している人などに文字や画像などで情報を伝えながら，関連する情報をリンクさせることで，多くの情報を伝えたい。

③人目に触れやすい場所に掲示して，情報を視覚的に伝えたい。

④あるテーマについて，自分の意見や見解を論理的な文章でまとめることで，詳しく伝えたい。

語群　ア．Webページ　　イ．レポート・論文　　ウ．ポスター・壁新聞　　エ．プレゼンテーション

解答欄

①	②	③	④

3節 探究活動をふり返ろう

1．次の空欄に当てはまる最も適当な語句を語群より選びなさい。

●人の知的活動によって創造されたものを（①　　）といい，それを認める権利を（②　　）といいます。その権利は主に，発明やアイデアなどを保護する（③　　）と文化的な創造物を保護するための（④　　）に分けられます。

語群	ア．知的財産権	イ．著作権	ウ．産業財産権（工業所有権）	エ．知的財産

解答欄

①	②	③	④

2．以下の①～③にあてはまるメディアの例を，語群より二つずつ選びなさい。

① 情報を表現するためのメディア

② 情報を伝達・通信するためのメディア

③ 情報を記録・蓄積するためのメディア

語群	ア．新聞	イ．音声	ウ．紙	エ．文字	オ．インターネット	カ．USBメモリ

解答欄

①	②	③

Memo

Memo

1節 情報を処理するしくみを知ろう

STEP 21 教科書 p.52 ～ 53

((•1•)) ハードウェア

> コンピュータの機能を人に例えると何にあたるのだろうか

まとめよう

ハードウェア

コンピュータを構成する物理的な装置を（①　　　）といい，コンピュータは（②　　　），（③　　　），（④　　　），（⑤　　　），（⑥　　　）の5つの機能で構成されている（コンピュータの（⑦　　　））。

このうち，記憶機能は（⑧　　　）と（⑨　　　）に分けることができる。

語群	ア．五大機能　イ．入力機能　ウ．出力機能　エ．記憶機能　オ．演算機能
	カ．制御機能　キ．主記憶装置　ク．補助記憶装置　ケ．ハードウェア

人における情報の処理を右図のように表した時，①～⑤はどの機能にあたるだろうか。

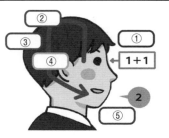

①	②	③	④	⑤

語群	ア．記憶　イ．演算　ウ．制御
	エ．入力　オ．出力

教科書の3-1図を基に，コンピュータの5つの機能とその役割，ハードウェアの例についてまとめてみよう。

機能	役割	ハードウェアの例
入力機能		
出力機能		
記憶機能		
演算機能		
制御機能		

学習の
キーワード
□ハードウェア／□入力機能／□出力機能／□演算機能／□制御機能／□記憶機能

STEP 22 教科書 p.54 ～ 55

> コンピュータの内部では，どのような処理が行われているのだろうか

((•2•)) コンピュータの内部処理

まとめよう

コンピュータの内部処理

教科書の3-3図を基に，コンピュータの内部処理の流れをまとめてみよう。

「入力された数値5を10倍して出力する」処理の例

① (① 　　　) で入力された数値5が，
　 (② 　　　) に記憶される。

② (②) に記憶されている数値5が，
　 (③ 　　　) に記憶される。

③ (③) は，(④ 　　　) により，数値5を10倍する。

④ 計算結果50が，(②) に記憶される。

⑤ (②) に記憶されている計算結果50が読み出され，(⑤ 　　　) に送られる。

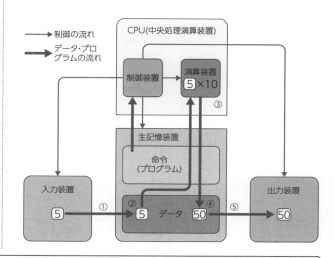

語群	ア．CPU　　イ．メモリ　　ウ．演算機能　　エ．入力装置　　オ．出力装置

アナログとデジタル

教科書p.55を読んで，アナログとデジタルについてまとめてみよう。

アナログとは	
デジタルとは	

2進数と16進数

コンピュータは，(① 　　　) を用いて演算処理を行う。この(①)で表された数値の1桁を(② 　　　) (b) といい，8 (②)で(③ 　　　) (B) になる。

(①) で表現していくと桁数が多くなり人が扱いにくいため，(④ 　　　) を使うことがある。

語群	ア．2進数　　イ．16進数　　ウ．バイト　　エ．ビット

 学習の キーワード 　□アナログ／□デジタル／□2進数／□16進数

STEP **23** 教科書 **p.56 ～ 57**

ソフトウェアには，どのようなはたらきがあるのだろうか

((•**3**•)) ソフトウェア

まとめよう

教科書p.56を読んで，ソフトウェアのはたらきについてまとめてみよう。

ソフトウェアとは， のことである。

⬇ 2つに大別すると

（①　　　） ※（②　　　）（OS） とも呼ばれる。	・コンピュータ全体を効率よく（③　　　）し，コンピュータを操作するユーザが利用しやすいように（④　　　）のある操作を可能にする。
	（　①　）の例を挙げてみよう。
（⑤　　　） ※（⑥　　　） （アプリ）とも呼ばれる。	・（　①　）が提供する機能を利用して，（⑦　　　）ごとに開発されたもの。
	（　⑤　）の例を挙げてみよう。

語群　ア．オペレーティングシステム　　イ．アプリケーションソフトウェア　　ウ．応用ソフトウェア
エ．基本ソフトウェア　　オ．管理・制御　　カ．用途　　キ．統一性

右の図を見て，基本ソフトウェアと応用ソフトウェアのはたらきをまとめてみよう。

①	②	③	④

語群　ア．ソフトウェア　　イ．ハードウェア
ウ．オペレーティングシステム
エ．アプリケーションソフトウェア

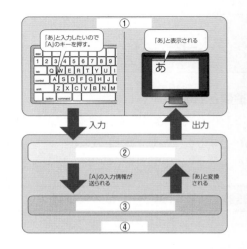

 □基本ソフトウェア／□応用ソフトウェア

Memo

2節 モデル化とシミュレーション

《・1・》 モデルの役割

> モデル化を行う利点は
> 何だろうか

まとめよう

教科書の3-6図を参考に，モデルを表現方法によって分類してみよう。

モデル	説明	例
（①　　　）モデル	ある物の形状を，一定の（　①　）で再現したモデル。	プラスチックモデル 分子模型，モデルルーム
（②　　　）モデル	物の動きなど時間によって変化する事象を，（　②　）で表したモデル。	（　②　）
（③　　　）モデル	コンピュータによってつくられる（④　　　）で再現されるモデル。	競技場のCG
（⑤　　　）的モデル	ある物や事象を（　⑤　）によって表したモデル。	路線図

語群 ア．図　イ．数式　ウ．縮尺　エ．仮想空間　オ．バーチャル

教科書の3-7図を参考に，モデルを対象の特性によって分類してみよう。

（①　　　）モデル	プラスチックモデルや建築図形などのように時間的要素を含まないモデル。
（②　　　）モデル	待ち行列や気象予測，生物の成長など時間的要素を含んだ現象のモデル。
（③　　　）モデル	不確実な現象を含まず，方程式などで表すことができるモデル。
（④　　　）モデル	サイコロやくじ引きのような不確実な現象を含んだモデル。

語群 確率　確定　静的　動的

やってみよう （p.59課題）

身近なモデル化の例を探し，どのモデル化に分類されるかを考え，その利点を考えよう。

モデル化の例	モデル化の分類	モデル化の利点

学習のキーワード □モデル／□モデル化

必要な要素を適切に反映
したモデル化をしよう

((2)) ものごとをモデル化しよう

まとめよう

（①　　　　）を行うには，必要な（②　　　　）が適切に反映されているかどうかが大切である。最初に
つくったモデルが必ずしも最善とは限らないため，必要に応じて（③　　　　）を行う。

（　①　）を適切に行うことで，解決できる（④　　　　）が多くある。（　④　）解決を行うには，解
決しようとする（　④　）の要因と，期待される（⑤　　　　）を明確に関連づける必要がある。

語群	ア．問題　　イ．改善　　ウ．結果　　エ．モデル化　　オ．要素（情報）

やってみよう （p.60課題）

　自宅のある場所から清水寺まで行く過程を，教科書p.60の例を参考にして図的モデルで表してみよう
（複数の経路手段を図に表そう）。作成した経路の特徴を説明しよう。

所用時間：　　　時間　　　分　　　運賃：　　　　　円

この経路の特徴を説明しよう。

学習の
キーワード

> シミュレーションには，
> どのような役割があるの
> だろうか

(((·3·))) シミュレーションの役割

まとめよう

目的とするものと（①　　　）をするようにつくった装置や，（②　　　　）で模擬することを（③　　　　）という。（④　　　　）の作成ができると，それを利用して状況を再現することで（　③　）を行うことができる。

語群	ア．モデル　　イ．同じ動き　　ウ．コンピュータの計算　　エ．シミュレーション

教科書p.62を読んで，シミュレータを用いたシミュレーションの利点をまとめてみよう。

（空欄）

教科書の3-9図，3-10図を参考に，身の回りにあるシミュレーションの例や，社会で役立てられているシミュレーションの例について調べてみよう。

シミュレーションの例	役割

《《•4•》》 シミュレーションをしてみよう

> 表計算ソフトウェアを利用してシミュレーションをしてみよう

まとめよう

（①　　　　）を行ううえでは，机上やコンピュータで試行を行うことができる（②　　　　）の活用が大変有効である。しかし，自然界で起こっていることをすべて（③　　　　）することは困難なので，一般的には影響の大きい要素に絞って（　③　）し（　①　）を行う。

（　①　）における計算は，（⑤　　　　）を使うことによって，効率的に行うことができる。

語群	ア．モデル化　　イ．数式モデル　　ウ．表計算ソフトウェア　　エ．シミュレーション

教科書p.65を読んで，シミュレーションで表計算ソフトウェアを用いる利点をまとめてみよう。

やってみよう （p.64課題）

教科書p.64の例を参考にして，表計算ソフトウェアを用いてシミュレーションをしてみよう。

　ここでは，ボールの初速度と投げ上げ角度を変数として計算を行う。

→・到達距離はメートルで表すので，ボールの初速度はm／秒に換算する。

　・表計算ソフトウェアで角度の計算を行う時は，ラジアンに変換する。

セルC2のボールの初速度を m／秒に変換する式を書こう。

セルC4の角度をラジアンに変換する式を書こう。

	A	B	C	D	E	F	G	H	I
1									
2		初速V₁（km/時）							
3		初速V₂（m/秒）	0	0	0	0	0	0	0
4		投げ上げ角θ(度)							
5		到達距離(m)	=C3*COS(C6)*(C3*SIN(C6)/9.8+((C3*SIN(C6)/9.8)^2+(3.4/9.8))^(1/2))						
6			0	0	0	0	0	0	0

シミュレーションの結果について感想を書こう。

学習の
キーワード

□表計算ソフトウェア

《 5 》 不確実な現象をシミュレーションしよう①

> 不確実な現象のシミュレーションは，どのような手順で行われるのだろうか

まとめよう

　シミュレーションを行う現象には，（① 　　　　）な現象がかかわり結果を予測しにくいものがある。（ ① ）な現象のシミュレーションを行うには，どのような（② 　　　　）を取り入れるのか，取り入れた要素（ ② ）はどのくらいの（③ 　　　　）で発生するのかを検討する必要がある。

語群	ア．確率　　イ．要素　　ウ．不確実

やってみよう （p.67実習）

　教科書p.67の「実習例　模擬店の釣り銭を考えよう」を参考にシミュレーションをしてみよう。

－条件の整理－

①食べ物の販売価格
　→　1個＿＿＿＿＿＿円

②一度に売り歩く数
　→　＿＿＿＿＿個

③1度の販売数
　→　＿＿＿＿個ずつの販売

④お客さんの支払いの金種
　→

結果から，釣り銭として
＿＿＿＿＿＿＿＿枚の500円硬貨を持って歩けばよい。

回数	500円の有無	500円の増減	500円の残り枚数
開始時			
1			
2			
3			
4			
5			
6			
7			
8			
9			
10			
11			
12			
13			
14			
15			
16			
17			
18			
19			
20			

学習の
キーワード　　□不確実な現象

STEP 29　教科書 p.68 ～ 69

(((6))) 不確実な現象をシミュレーションしよう②

> 釣り銭問題をシミュレーションするには，どのような方法があるだろうか

まとめよう

　実物に近い（①　　　　）をつくって，何度も（②　　　　）を行うことは，困難な場合が多くある。そこで，ある現象をほかの現象に代用させて（　②　）を行う必要がある。たとえば，（③　　　　）な現象を（　②　）するためには，（④　　　　）を利用すると効果的である。

語群	ア. 乱数　　イ. 不確実　　ウ. モデル　　エ. シミュレーション

やってみよう （p.68実習）

　教科書p.68の例を参考に，表計算ソフトウェアを用いて釣り銭問題のシミュレーションをしてみよう。

	A	B	C	D	E	F
1		回数	発生させた乱数	500円硬貨の有無	釣り銭の増減	500円硬貨の枚数
2		開始時				0
3		1	0.095738926	有	+1	1
4		2	0.48931031	有	+1	2
5		3	0.503401971	無	−1	1
6		4	0.580850432	無	−1	0
7		5	0.528022171	無	−1	−1
8		6	0.104497603	有	+1	0
9		7	0.748976344	無	−1	−1
10		8	0.257752804	有	+1	0
11		9	0.760024029	無	−1	−1
12		10	0.758771749	無	−1	−2
13		11	0.301409489	有	+1	−1
14		12	0.104419983	有	+1	0
15		13	0.171485511	有	+1	1
16		14	0.829093713	無	−1	0
17		15	0.840262111	無	−1	−1
18		16	0.826647601	無	−1	−2
19		17	0.798234785	無	−1	−3
20		18	0.705100219	無	−1	−4
21		19	0.723895385	無	−1	−5
22		20	0.411391925	有	+1	−4
23					最小値	−5
24					不足枚数	5

①　②　③　④

<手順>

①

②

③

④

結果から，釣り銭として＿＿＿＿＿＿＿＿枚の500円硬貨を持って歩けばよい。

学習のキーワード　　□乱数

《•7•》 不確実な現象をシミュレーションしよう③

> シミュレーションの結果は，どのように読み取ればよいのだろうか

まとめよう

教科書p.70-71を読んで，シミュレーションの精度を高め，適切な意思決定を行うために大切なことをまとめてみよう。

やってみよう （p.70実習）

教科書p.70の例を参考に，シミュレーションの精度を検討してみよう。

何回くらいのシミュレーションを行えばよいか決定し，その理由を書こう。

シミュレーションの回数　＿＿＿＿＿＿＿回

理由：

やってみよう （p.71実習例）

教科書p.71の例を参考に，シミュレーションの結果を読み取って意思決定をしてみよう。

シミュレーションの結果をどのように読み取ったか。

その結果，何枚の釣り銭をもち歩くことにしたか。

学習の
キーワード　□シミュレーションの精度／□意思決定

((•**8**•)) モデル化とシミュレーションの活用

> モデル化とシミュレーション
> は，世の中のどのようなところ
> で活用されているのだろうか

まとめよう

教科書p.72を読んで，コンピュータシミュレーションが利用されている例を挙げてみよう。

（空欄）

シミュレーションの限界

　シミュレーションはあくまで設定された（①　　　　）での検証であり，シミュレーションにより得られた結果がすべて正しいと考えることは危険である。シミュレーションを効果的に利用するためには，情報を十分に（②　　　　）し，（③　　　　）することが必要である。

　必要であれば，さまざまなモデルを用いてシミュレーションの結果を（④　　　　）し，目的に合う信頼性の高い結果を得る必要がある。

　シミュレーションの（⑤　　　　）を理解したうえで，シミュレーション結果を有効に利用することが大切である。

語群	ア．収集　　イ．限界　　ウ．比較　　エ．条件下　　オ．整理・分析

やってみよう （p.73課題）

　私たちの身の回りで，モデル化とシミュレーションの考え方を用いることで解決できる問題がないか考えてみよう。

（空欄）

学習の キーワード　□シミュレーションの限界

3節 プログラミングをしてみよう

((·1·)) プログラムによる処理

> コンピュータはプログラムによって，どのように処理を行うのだろうか

まとめよう

コンピュータを使うと，さまざまな処理が（①　　　），（②　　　）にできる。コンピュータに対する処理手順を記述したものを（③　　　）といい，（　③　）を記述することを（④　　　）という。

（　③　）は，記述された順序に従って処理される。処理手順のことを（⑤　　　）という。（　⑤　）は，（⑥　　　）（流れ図）などを用いて表現する。

語群	ア．プログラム　　イ．プログラミング　　ウ．フローチャート　　エ．アルゴリズム オ．速く　　カ．正確

教科書の3-15図を基に，フローチャートに用いる記号が何を表しているかまとめてみよう。

（①　）　（⑥　）
（②　）　（⑦　）
（③　）　（⑧　）
（④　）　（⑨　）
（⑤　）　（⑩　）

①	
②	
③	
④	
⑤	
⑥	
⑦	
⑧	
⑨	
⑩	

やってみよう （p.74課題）

教科書p.74のプログラムを，別のプログラミング言語で記述してみよう。

選択したプログラミング言語　　　　　（記述したプログラム）

→ _____

学習の
キーワード　□プログラム／□プログラミング／□アルゴリズム／□フローチャート

((•2•)) 処理手順の基本構造

プログラムとアルゴリズム
の関係をさらに理解しよう

まとめよう

教科書の3-17図を基に，コンピュータに対する基本的な処理手順についてまとめてみよう。

処理名	順次処理	分岐処理	反復処理
説明			
フローチャートの例			

教科書p.77の3-18図，3-19図のアルゴリズム
の例について空欄を埋めてみよう。

①	
②	
③	
④	
⑤	

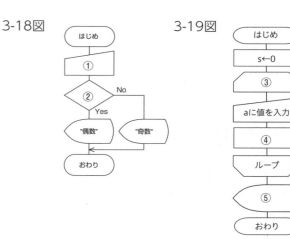

3-18図

3-19図

やってみよう （p.76課題）

朝，起きてからの家を出るまでの行動の様子を，
フローチャートで表してみよう。

(((·3·))) プログラミング言語

> プログラミング言語には，どのような役割があるのだろうか

まとめよう

コンピュータは（①　　　）の言葉とは違い，（②　　　）の言葉で処理を行っている。（　②　）の言葉を（　①　）がそのまま理解することは難しいため，（　①　）とコンピュータとの間でプログラムの作成が円滑にできるように，（③　　　）ができた。

コンピュータは，（④　　　）に言葉を記述し，しっかり（⑤　　　）を示すことで処理を実行してくれる。

語群	ア．プログラミング言語　　イ．手順　　ウ．正確　　エ．機械　　オ．人間

教科書の3-20図を参考に，使用する言葉が間違っていた際に，人間とコンピュータとでどのような違いがあるだろうか，まとめてみよう。

人間の場合は，

コンピュータの場合は，

教科書の3-5表を参考にプログラミング言語の種類や特徴（主にどのような用途で使われているかなど）について調べてみよう。

言語名	特徴

学習のキーワード　□プログラミング言語

(((・**4**・))) プログラミングの手順

考えたアルゴリズムに基づいて，プログラミングをしよう

まとめよう

プログラミングを行う前に，どのようにしたら（①　　　）が正しく実行できるか（②　　　）にまとめて，（③　　　）に間違いがないかを確認する。

（ ③ ）が明確になったら，（④　　　）を選択して，（ ① ）を記述する。

語群　ア．手順　　イ．プログラム　　ウ．プログラミング言語　　エ．フローチャート

やってみよう （p.80実習例, p.81課題）

モンテカルロ法による円周率の計算の手順において，該当する部分のフローチャートに書き表してみよう。また，マクロ言語によるプログラムで表してみよう。

モンテカルロ法による手順	フローチャート	マクロ言語によるプログラム
①1辺が1の正方形の中にランダムに点を打つ。		
②正方形の1辺を半径とした1/4の円の円内に入っている点の数と，正方形内のすべての点の数を数える。		
③円内に入っている点の数を，すべての点の数で割り算する。		
④割り算した値を4倍し，計算結果を表示する。		

学習の
キーワード

(((**5**))) プログラムの評価

よいプログラムとは，どのようなプログラムなのだろうか

まとめよう

教科書p.82を読んで，プログラムを評価する際には，どのような視点から評価すればよいだろうか。

やってみよう （p.82実習例）

教科書p.82の結果から，p.80のプログラムの評価をしてみよう。

この結果から，p.80のプログラムは，円周率の計算を行うプログラムとして，

　　　適当である　　　　　　/　　　　　　　不適である

修正すべき点があれば書いてみよう。

やってみよう （p.83課題）

実行回数を変化させて行ったp.83の結果について評価をしてみよう。

実行結果の値と時間を考慮して，①，②，③のプログラムを評価すると
①の結果は,＿＿＿＿＿＿＿＿＿＿＿＿＿＿＿＿＿＿＿＿＿＿＿＿＿＿＿＿＿＿＿＿

②の結果は,＿＿＿＿＿＿＿＿＿＿＿＿＿＿＿＿＿＿＿＿＿＿＿＿＿＿＿＿＿＿＿＿

③の結果は,＿＿＿＿＿＿＿＿＿＿＿＿＿＿＿＿＿＿＿＿＿＿＿＿＿＿＿＿＿＿＿＿

以上より，実行回数＿＿＿＿＿＿回のプログラムが，最適な結果であると判断します。

学習の
キーワード

((・**6**・)) プログラムとアルゴリズム①（並べかえ）

> データを並べかえるには，どのようにアルゴリズムを考えればよいのだろうか

まとめよう

　プログラムを用いて並べかえを行うために，いくつか効率のよい（① 　　　）が考え出されている。データを一定の（② 　　　）に並べかえることを，（③ 　　　）または（④ 　　　）という。小から大の順を（⑤ 　　　），大から小の順を（⑥ 　　　）という。（ ④ ）の方法には，（⑦ 　　　）や（⑧ 　　　）などがある。

語群	ア．降順　　イ．昇順　　ウ．ソート　　エ．交換ソート　　オ．選択ソート
	カ．整列　　キ．順番　　ク．アルゴリズム

やってみよう （p.84,85実習例）

　選択ソートと交換ソートによる整列のアルゴリズムのフローチャートを書いてみよう。また，フローチャートの手順に沿って，トランプ4枚を選択ソート，交換ソートで実際に並べかえてみよう。

選択ソート

交換ソート

実際に並べかえを行い，分かったことを書いてみよう。

学習の
キーワード
　□整列（ソート）／□昇順／□降順／□選択ソート／□交換ソート

(((7))) プログラムとアルゴリズム② （探索）

> データを探すには，どのようにアルゴリズムを考えればよいのだろうか

まとめよう

多くのデータの中から目的の（①　　　　）を探すことを（②　　　　）という。（　②　）の方法には，（③　　　　）や（④　　　　）などがある。

語群　ア．二分探索　　イ．線形探索　　ウ．データ　　エ．探索

やってみよう （p.86,87実習例）

教科書p.86の例について線形探索や二分探索でのフローチャートを書いてみよう。また，フローチャートの手順に沿って，実際に線形探索と二分探索をしてみよう。

線形探索	二分探索

実際に探索を行い，分かったことを書いてみよう。

学習の
キーワード　□線形探索／□二分探索

((•8•)) プログラミングの活用

社会では，どのようにプログラミングが活用されているのだろうか

まとめよう

プログラミングの活用

　たとえば，モンテカルロ法による円周率の計算では，点を打つ数が多ければ多いほど，私たちの知っている円周率に近づく。しかし，何万回，何十万回と（①　　　）作業を人間が行うとなれば，大変な（②　　　）がかかる。しかし，コンピュータを用いると，（③　　　）さえ間違えなければそれを忠実に行い，結果を出してくれる。

　私たちは（④　　　）を行うことによって，コンピュータの能力を引き出し，（⑤　　　）に活用している。また，（　④　）によって，（⑥　　　）や（⑦　　　）の作成をはじめとして，社会のさまざまな（⑧　　　）が行われている。

語群	ア．ゲーム　　イ．プログラミング　　ウ．プログラム　　エ．アプリケーション
	オ．繰り返す　　カ．問題の解決　　キ．労力　　ク．効率的

プログラムの効率的な開発

　プログラミングを行う際に，すべてを（①　　　）から構築することはとても難しく，大変なことである。

　世の中にはプログラムに（②　　　）ことができる（③　　　）を（④　　　）しくみが存在し，それらを活用することで，新たな（　③　）の構築を（⑤　　　）に行うことができるとともに，利用者にも利便性の高い（　③　）を提供することができる。

語群	ア．システム　　イ．提供する　　ウ．手軽　　エ．最初　　オ．組み込む

教科書の3-22図を参考に，APIとライブラリについてまとめてみよう。

API	
ライブラリ	

□API／□ライブラリ

4節 情報を処理するしくみについて深めよう

文字情報は，どのように
デジタル化されるのだろ
うか

((・1・)) 文字情報を処理するしくみ

まとめよう

文字のデジタル化

コンピュータは，情報を（①　　　）して扱っている。

コンピュータ内部では，文字や記号も一つひとつの（②　　　）という固有の（③　　　）を割り当て，（④　　　）のデータとして扱う。一定の規則で0と1の並びに置き換えたデータとして扱うことを（⑤　　　）（符号化）といい，文字と（　②　）の対応関係を（⑥　　　）という。送信側と受信側でコード体系が異なると，文字が正しく再現されない（⑦　　　）を起こすことがある。

語群	ア．文字コード　　イ．文字コード体系　　ウ．文字化け　　エ．番号　　オ．デジタル化
	カ．2進数　　キ．エンコーディング

フォント

文字の見え方である（①　　　）のデータは，（②　　　）とは別のデータとして扱われる。文書をほかの人に送ったり，共有したりする場合，同じ（　①　）のデータが（③　　　）のコンピュータに（④　　　）されていなければ，別のフォントに置き換えられて表示されるため，注意が必要である。

語群	ア．書体　　イ．文字コード　　ウ．インストール　　エ．見る人

やってみよう（p.91課題）

教科書p.91の課題に取り組み，どのようなことが起きたか，またその理由を書いてみよう。

起こったこと

理由

学習の
キーワード　□文字コード／□文字コード体系／□文字化け

《·**2**·》 音声情報を処理するしくみ

> 音声情報は，どのように
> デジタル化されるのだろ
> うか

まとめよう

音は（①　　　）（アナログ量）によって伝わる波である。（　①　）を（②　　　）（電圧の変化）に変えるのが（③　　　）である。この電気信号にしたアナログ情報をデジタル情報に変換する（（④　　　））。

語群	ア．電気信号　　イ．空気の振動　　ウ．A／D変換　　エ．マイクロホン

教科書3-25図を参考に，音のデジタル化の流れをまとめよう。

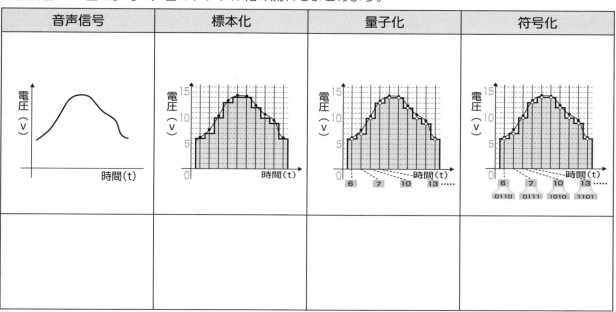

音声信号	標本化	量子化	符号化

やってみよう（p.93課題）

教科書p.93の課題に取り組み，量子化ビット数を細かくすることの利点と欠点をまとめよう。

＜利点＞

＜欠点＞

学習の
キーワード
□A／D変換／□標本化／□量子化／□符号化／□サンプリング周期／□量子化ビット数

((·**3**·)) 画像情報を処理するしくみ①

> 色や画像は，どのように表現されているのだろうか

まとめよう

画像のデジタル化

　画像をデジタル化するには，アナログ画像を細かく（①　　　）に分割し，濃淡信号（光強度）を取り出す（標本化）。分割する細かさの度合いを（②　　　）という。次に，各（　①　）での明るさを最も近い段階値に置き換える（量子化）。その際，丸め誤差（（③　　　））が生じる。したがって，標本化，量子化をする際に微妙な情報が（④　　　）しまう。最後に，その数値を（⑤　　　）で表し，0と1の組み合わせに置き換える（符号化）。

語群	ア．2進数　　イ．解像度　　ウ．失われて　　エ．量子化誤差　　オ．画素

　教科書p.95を読んで，画像の色の表現についてまとめてみよう。

	光の3原色	色の3原色
原色		
混色	（　　　　）混色 色を混ぜると（　　　）に近づく	（　　　　）混色 色を混ぜると（　　　）に近づく
用途		

　画像は（①　　　）（画素）とよばれる小さい（②　　　）が集まってできている。これらの（　①　）ごとに色づけして，横・縦に膨大な（　①　）数の組み合わせで微細な画像ができる。この（　①　）を何段階に色づけして表現するかを（③　　　）という。（　③　）の数値が大きいほど，色や明るさの変化を（④　　　）に表現できる。

語群	ア．点　　イ．階調　　ウ．ピクセル　　エ．なめらか

やってみよう（p.95課題）

　教科書p.95の課題に取り組み，気づいたことなどを書いてみよう。

STEP 43 教科書 p.96 ～ 97

《·4·》 画像情報を処理するしくみ②

画像情報は，どのように
デジタル化されるのだろ
うか

まとめよう

教科書の3-6表を参考に，ラスタデータとベクタデータについてまとめてみよう。

	ラスタデータ	ベクタデータ
表現方法		
画像のイメージ		
適した用途		
利点		
欠点		
拡張子		

画像のデータ量の違い

画像は，標本化，量子化を（① 　　　　）行うと，もとの画像の（② 　　　　）が高くなる。しかし，データ量は（③ 　　　　）になってしまう。

語群　ア．膨大　　イ．細かく　　ウ．再現性

やってみよう(p.97課題)

教科書p.97の手順にそって，課題に取り組んでみよう。

数値化するルールがなければ，どのようなことが起こるだろうか。考えを書いてみよう。

学習の
キーワード　□ラスタデータ／□ベクタデータ／□残像現象

《5》 デジタル化による情報の特徴

> デジタル化した情報には，どのような特徴があるのだろうか

まとめよう

教科書の3-30図を参考に，デジタルデータの特徴についてまとめてみよう。

特徴	説明
（①　　　）ができる	0と1で（②　　　）化された情報は，コンピュータによって（　①　）ができる。
（③　　　）して取り扱うことができる	情報を，デジタル化して（　②　）で表すことで，コンピュータで（　③　）的に扱うことができる。
（④　　　）しにくい	0と1だけの（⑤　　　）であるため，もと通りに（⑥　　　）することが容易である。
もとの情報の一部が（⑦　　　）する	アナログの情報を，デジタルの情報に変換するときは，情報の一部が失われ（（⑧　　　）など），もとの（⑨　　　）の情報に戻すことができない。

語群	ア．欠落　　イ．信号　　ウ．修復　　エ．統合　　オ．数値　　カ．劣化
	キ．演算処理　　ク．量子化誤差　　ケ．アナログ

やってみよう（p.99課題）

教科書p.99を例にデータを圧縮してみよう。

●可逆圧縮を実践してみよう

①のデータ量	②のデータ量

●非可逆圧縮を実践してみよう

もとのBMPファイルのデータ量	JPEGに圧縮したときのデータ量	BMPファイルに戻したときのデータ量

●可逆圧縮と非可逆圧縮の使い分けのしかたについて，考えを書いてみよう。

Memo

☑ 要点の確認

1節 情報を処理するしくみを知ろう

1．次の空欄に当てはまる最も適当な語句を語群より選びなさい。

● コンピュータを構成する物理的な装置を（①　　　）といいます。コンピュータと接続することで機能を拡張する機器を（②　　　）といいます。

● 連続的に変化するものを物理量で表したものを（③　　　）といい，それを一定間隔に区切り，数値で表したものを（④　　　）といいます。

● ソフトウェアは主に，コンピュータ全体を効率よく管理・制御するための（⑤　　　）と，用途ごとに開発された（⑥　　　）があります。

語群	ア．ハードウェア　　イ．基本ソフトウェア（OS）　　ウ．アナログ エ．アプリケーションソフトウェア　　オ．周辺機器　　カ．デジタル

解答欄

①	②	③	④	⑤	⑥

2節 モデル化とシミュレーション

1．次の空欄に当てはまる最も適当な語句を語群より選びなさい。

● 実際の試行が難しいとき，対象の特徴を真似るなど（①　　　）したものを使うことがあります。問題解決に有効ですが，必要に応じて改善を行います。また，目的とするものと同じ動きをするように作った装置や計算で模擬することを，（②　　　）といいます。不確実な現象を（②）するときには，ランダムな数である（③　　　）を利用すると効果的です。

語群	ア．乱数　　イ．シミュレーション　　ウ．モデル化

解答欄

①	②	③

3節 プログラミングをしてみよう

1．次の空欄に当てはまる最も適当な語句を語群より選びなさい。

●コンピュータに対する処理手順を記述したものを（①　　　　）といい，その処理手順自体のことを（②　　　　）といいます。処理手順には，順番に実行する（③　　　　）と，条件によって切りかえる（④　　　　），一定の範囲を繰り返す反復構造という基本構造があります。

語群	ア．分岐構造　　イ．アルゴリズム　　ウ．プログラム　　エ．順次構造

解答欄

①	②	③	④

4節 情報を処理するしくみについて深めよう

1．次の空欄に当てはまる最も適当な語句を語群より選びなさい。

●文字情報は，文字と文字コードの対応関係である（①　　　　）で表します。送信側と受信側でこれが異なると，文字が正しく再現されない，（②　　　　）を起こすことがあります。

●音声情報は，音の波を一定の時間間隔で区切る（③　　　　），区切られた部分ごとに数値を割り当てる（④　　　　），2進法の0と1に置き換える（⑤　　　　）を行いデジタル化します。

●画像データには，画像を色のついた点（ドット）の集合として表現した（⑥　　　　），画像を点の座標とそれを結ぶ線などを計算処理して表現した（⑦　　　　）があります。

語群	ア．文字化け　　イ．ベクタデータ　　ウ．標本化　　エ．文字コード体系
	オ．符号化　　カ．ラスタデータ　　キ．量子化

解答欄

①	②	③	④	⑤	⑥	⑦

Memo

Memo

1節 情報通信ネットワークと情報システムのしくみを知ろう

STEP 45 教科書 p.102 〜 103

《・1・》 情報通信ネットワークのしくみ

> 情報通信ネットワークではどのように通信をしているのだろうか

まとめよう

ドメイン名とIPアドレス

私たちがWebページを見るとき，ネットワーク上にある特定のコンピュータから（①　　　）を受け取っている。このコンピュータの位置を，文字や数字，記号などで示したものを（②　　　）といい，ブラウザの（③　　　）などに表示される。

一方，コンピュータ同士が通信相手のコンピュータを特定するためには（④　　　）を使用する。コンピュータは，（⑤　　　）を使って（ ② ）と（ ④ ）を変換し，相手のコンピュータなどとの（⑥　　　）を行っている。

語群	ア．DNS　　イ．IPアドレス　　ウ．通信　　エ．データ　　オ．アドレス欄　　カ．ドメイン名

通信プロトコル

（①　　　）上で通信するために，さまざまな装置や（②　　　）を利用して処理が行われる。通信するために必要な処理や手順の（③　　　）を定めたものを（④　　　）という。

インターネットの中心的なプロトコルに（⑤　　　）がある。（ ⑤ ）では，（⑥　　　）交換方式と呼ばれる通信形態が取られ，データを一定の大きさの（ ⑥ ）に分割して通信することで，同じ回線を使った，（⑦　　　）通信を実現している。

語群	ア．TCP/IP　　イ．約束事　　ウ．パケット　　エ．効率のよい　　オ．通信プロトコル カ．ソフトウェア　　キ．情報通信ネットワーク

やってみよう（p.103課題）

教科書p.103の課題に取り組んでみよう。

回ってきたメッセージ・宛先等を書こう。受信者まで伝わったらメッセージを書きだそう。

送信元：　　　　　　宛先： 順番：　　　番目 メッセージ：	復元したメッセージを書こう。

学習の キーワード	□情報通信ネットワーク／□ドメイン名／□IP アドレス／□通信プロトコル／□TCP/IP □パケット

STEP 46 教科書 p.104 〜 105

> 情報通信ネットワークの
> 回線はどのようにつながっ
> ているのだろうか

《2》 情報通信ネットワークの構成

まとめよう

　家庭や学校でコンピュータなどの（① 　　　）を構成する際には，（② 　　　）を作成する。（ ② ）は（③ 　　　）などの通信回線と，（④ 　　　）などの集線装置を使って，機器同士を接続したもので，一つの部屋や建物といった狭い範囲で構成される。ケーブルの代わりに（⑤ 　　　）を用いた（⑥ 　　　）も広く使われている。

　通信回線は，種類によってデータを送る速度が異なる。この速度を（⑦ 　　　）といい，1秒間に送ることができるビット数（⑧ 　　　）で表す。

語群	ア．bps　　イ．LAN　　ウ．LANケーブル　　エ．電波　　オ．転送速度 カ．無線LAN　　キ．ネットワーク　　ク．スイッチングハブ

やってみよう（p.105課題）

教科書p.105の説明を元にLANを設計してみよう。

①LANをデザインしよう

　右の図中の各機器をつなぐLANを設計してみよう。実際にLANケーブルをイメージした実線で各機器を結ぼう。

②ルータの役割を考えよう

　ルータはLAN以外に何と接続すればよいだろうか。

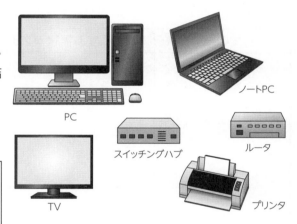

PC　　ノートPC　　スイッチングハブ　　ルータ　　TV　　プリンタ

> 役割とともに考えてみよう

家庭内の電化製品にはTV以外にもLANに接続できるものが増えつつある。

○どのような機器がLANに接続できるのか，調べよう。

○LAN以外の方法で機器を接続する方法について調べよう。

**学習の
キーワード**　□LAN ／□無線LAN ／□スイッチングハブ／□転送速度／□bps ／□ルータ

((·3·)) 情報システムとサービス

> 情報システムは生活の
> どのようなことに関わっ
> ているだろうか

まとめよう

教科書の4-1表を参考に，さまざまな分野の情報システムについてまとめてみよう。

分野	情報システム	活用例
商業		
金融		
情報交換		
交通		
防災		

教科書の4-7図を参考に，情報システムとの連携を表にまとめてみよう。

連携の種類	関係する情報システム	連携で生じる効果
物流システムの連携		
防災システムの連携		

やってみよう（p.107課題）

社会の中の情報システムをどのように組み合わせると便利になるだろうか。考えてみよう。

情報システムで管理され	⇒	サーバとクライアントでや	⇒	組み合わせるとどのような
ている情報を挙げてみよう		りとりされている情報を考		ことができるだろうか
		えよう		

学習の
キーワード　□情報システム

((•4•)) 情報システムの利用

> 情報システムを利用するとき,どのようにすると適切な情報を得られるだろうか

まとめよう

教科書p.108を読んで,情報システムを利用し,適切な情報を得るために注意しなければならないことをまとめてみよう。

教科書の4-8図を参考に,情報システムを利用し,適切な情報を得るために注意しなければならないことをまとめてみよう。

天気予報サービス	
ショッピングサイト	

やってみよう (p.109課題)

教科書p.109の課題に取り組み,考えをまとめてみよう。

このようなシステムは,どのようなところで活用することができそうか。

情報を提供する際に,どのような点に注意が必要か。

学習の
キーワード

2節 情報の安全を守るしくみを知ろう

STEP 49 教科書 p.110 ～ 111

情報機器や情報システムが安全でないと，どのようなことが起こるだろうか

((・1・)) 情報の安全に向けた対策

まとめよう

教科書p.110-111を読んで，情報の安全に向けた対策についてまとめてみよう。

個人の認証	許可された人だけが情報を扱えるように，（①　　　）と（②　　　）による個人の認証が行われる。指紋などを使った（③　　　），二段階認証や多要素認証も利用されている。
システムの脆弱性への対策	ソフトウェアにはしばしばセキュリティ上の欠陥（（④　　　））があり，それを利用した攻撃を受ける危険性がある。メーカーが公開している情報を（⑤　　　）に確認し必要に応じて更新する。
悪意のあるプログラムへの対策	情報の漏えいやデータの破壊などを引き起こす（⑥　　　）プログラムとして，（⑦　　　）などがある。（⑧　　　）を利用する，アプリのインストールや電子メールの（⑨　　　）の実行を不用意に行わないなどで感染を防ぐことができる。
事故に対する対策	データやシステムを事前に複製しておくことで，事故が起きても復元できるようにすることを（⑩　　　）という。ほかにも，守りたい情報や（⑪　　　）の特徴に合わせた考え方で対策を行う。

語群	ア．ID　　イ．定期的　　ウ．システム　　エ．生体認証　　オ．悪意のある カ．パスワード　　キ．バックアップ　　ク．添付ファイル　　ケ．セキュリティホール コ．コンピュータウイルス　　サ．ウイルス対策ソフトウェア

やってみよう（p.111課題）

教科書p.111の課題に取り組み，情報セキュリティポリシーの必要性について考えてみよう。

手順1（情報漏えいへの対策）	手順3（情報漏えいによって困るのは誰か）
手順2（どのような脅威があるか）	手順4（被害が発生しないためには何が必要か）

学習のキーワード
□ID ／□パスワード／□セキュリティホール／□情報セキュリティポリシー
□コンピュータウイルス／□ウイルス対策ソフトウェア

(((2))) 通信における情報の安全を確保する技術

> もし情報が流出してしまった場合，情報の内容を守るためにはどうしたらよいだろうか

まとめよう

教科書p.112-113を読んで，情報通信の安全を確保するための技術についてまとめてみよう。

ファイアウォール	不正な（①　　　）の通過をブロックしたり，登録済の（②　　　）以外のコンピュータからの通信を禁止したりする（③　　　）機能をもつ（④　　　）は，コンピュータへの外部からの不正侵入などを防ぐ。
通信の暗号化	情報通信ネットワーク（特に（⑤　　　））ではその構成上，情報を盗み見ることが比較的容易である。そこで，第三者に情報が見られても意味がわからないように（⑥　　　）した通信を行う。
暗号方式とhttps	インターネット上の通信では（⑦　　　）が利用される。（　⑥　）による盗聴や通信相手の（⑧　　　），メッセージの（⑨　　　）を防ぐ機能がある。Webサイトのブラウズで使用されているhttpと（　⑥　）を組み合わせた（⑩　　　）は，多くのWebサイトで利用されるようになっている。特に，個人情報や（⑪　　　）の入力を求められるWebサイトを利用する場合には，アドレス欄にある（⑫　　　）のマークを見るなどして確認する。
認証局と電子署名	悪意のある人が他人に（　⑧　）て（⑬　　　）を公開しないよう，（　⑬　）が本人のものであることを（⑭　　　）が証明している。また，送信者が本人であることを証明する（⑮　　　）も用いられている。

語群	ア．https　　イ．IPアドレス　　ウ．SSL/TLS　　エ．錠前　　オ．認証局　　カ．公開鍵
	キ．暗号化　　ク．電子署名　　ケ．パケット　　コ．改ざん　　サ．なりすまし
	シ．パスワード　　ス．フィルタリング　　セ．無線LAN　　ソ．ファイアウォール

やってみよう（p.113課題）

教科書p.113の手順にしたがって，バーナム暗号を体験してみよう。

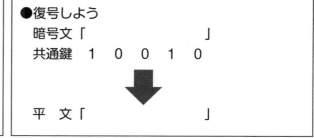

●暗号化しよう

平　文　１　０　１　１　０
共通鍵　１　０　０　１　０

↓

暗号文「　　　　　　　　　」

●復号しよう

暗号文「　　　　　　　　　」
共通鍵　１　０　０　１　０

↓

平　文「　　　　　　　　　」

学習のキーワード

□ファイアウォール／□暗号化／□SSL/TLS／□https／□電子署名

3節 データを活用してみよう

STEP 51 教科書 p.114 〜 115

どうすれば情報システムが提供するサービスを効果的に活用できるだろうか

((·1·)) データの収集

まとめよう

情報システムは，さまざまなデータを（①　　　）ことで新たな（②　　　）を持つ情報を創り出す。データを適切に（③　　　）し，問題の発見や解決に活用するためには，まずデータを（④　　　）する必要がある。

語群	ア．価値　　イ．収集　　ウ．分析　　エ．組み合わせる

教科書p.114-115を読んで，オープンデータについてまとめてみよう。

オープンデータとは	
活用されている例	

やってみよう（p.115課題）

教科書p.115の課題に取り組み，結果をまとめよう。

自分の学校のWeb ページには，どのようなデータが掲載されているか調べよう。

公益性に注目して，分類をしてみよう。

公益性	情報	利用が考えられる組織や個人
高 ↑ ↓ 低		

他の学校と比べての相違点など

データをどのように集めて，どのように活用すればよいのだろうか

((•2•)) データの蓄積と処理

まとめよう

　収集されたデータは，表計算ソフトウェアやデータベースによって（① 　　　）することができる。（　①　）されるデータの形式としては，表計算ソフトウェア等で扱われる（② 　　　）や（③ 　　　）のほか，（④ 　　　）などがあげられるが，（⑤ 　　　）に合わせて加工・変換して（　①　）することもある。

　このようにして（　①　）されたデータは，整理，分析などの（⑥ 　　　）を施すことで，（⑦ 　　　）のある情報になる。また，データは数値やテキストのまま表示するほか，グラフに加工するなどの工夫をすることで分析結果が一目瞭然となるなど，（⑧ 　　　）も重要となる。

語群	ア．処理　　イ．蓄積　　ウ．価値　　エ．見せ方　　オ．表形式　　カ．テキスト形式　キ．データベース形式　　ク．分析手法

やってみよう（p.117課題）

　教科書p.117の課題に取り組み，2種類のデータを合わせて分析したことについてまとめてみよう。

発見したことを書いてみよう。

人口密度とコンビニエンスストアの分布に関する仮説を立ててみよう。

仮説について話し合ったことを書いてみよう。

学習のキーワード
□蓄積／□処理／□データベース

> データはすべて同じように扱うことができるのだろうか

（(3)) 量的データと質的データ

まとめよう

教科書p.118を読んで，量的データと質的データについてまとめてみよう。

量的データとは，

　　　　　　　　　　　　　　　　　　　　　　　　　　　　　のこと。

例：

質的データとは

　　　　　　　　　　　　　　　　　　　　　　　　　　　　　のこと

例：

教科書p.119を読んで，データと尺度の関係についてまとめてみよう。

データの種類	尺度	尺度の値の意味	例
質的データ			性別，名前，電話番号，ID
	順序尺度		
量的データ			温度，知能指数
	比例尺度		

　尺度は，（① 　　　），（② 　　　），（③ 　　　），（④ 　　　）の順番で順序関係があり，（⑤ 　　　）の尺度におけるデータはそれよりも（⑥ 　　　）の尺度でも利用することができる。それとは反対に，（ ⑥ ）の尺度におけるデータは，それよりも（ ⑤ ）の尺度で利用することはできない。

語群　ア．上位　　イ．下位　　ウ．間隔尺度　　エ．順序尺度　　オ．比例尺度　　カ．名義尺度

学習の キーワード　□量的データ／□質的データ／□名義尺度／□順序尺度／□間隔尺度／□比例尺度

((・4・)) 量的データの表現

> 量的データはどのように
> 表せば読み取れるだろう
> か。

まとめよう

　量的データは，数値としての（① 　　　）を持つため，大量のデータを集めたとき，（② 　　　）を用いてデータ全体の（③ 　　　）をつかむ。

　データ全体を見渡すために（④ 　　　）をグラフで表した（⑤ 　　　）がよく用いられる。データを（ ⑤ ）に表すことで，データの偏りやばらつきを（⑥ 　　　）につかむことができる。

語群	ア．意味　　イ．傾向　　ウ．感覚的　　エ．代表値　　オ．度数分布　　カ．ヒストグラム

教科書の4-17図を読んで，次の言葉についてまとめてみよう。

最頻値	
平均値	
中央値	

教科書の4-17図のヒストグラムの，最頻値，平均値，中央値を読み取ってみよう。

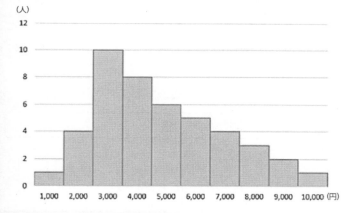

最頻値

_____ 円

平均値

_____ 円

中央値

_____ 円

やってみよう（p.121課題）

教科書p.121の課題に取り組み，データのばらつきを求めてみよう。

グループ②について，空欄を埋めてみよう。

名前	F	G	H	I	J	分散は
得点	69	70	70	70	71	
平均点からの差	-1	0				標準偏差は
（平均点からの差）²						

□代表値／□最頻値／□平均値／□中央値／□度数分布／□ヒストグラム／□分散／
□標準偏差

((·5·)) 量的データの分析

> 量的データを分析する
> とき，気をつけることは
> ないだろうか

まとめよう

　教科書p.122を読んで，平均値だけを見て，データの全体傾向をつかむことが危険とされる理由を書こう。

　教科書p.122を読んで，次の言葉についてまとめてみよう。

外れ値	
異常値	
欠損値	

相関

　２つのデータにある，一方の値が変化するともう一方の値も変化するような関係性を（①　　　　）という。（　①　）があるかどうかは，表計算ソフトウェアなどを用いて（②　　　　）をかくと直感的にわかり，外れ値なども（③　　　　）にわかる。

　また，（④　　　　）という方法で二つのデータの関係性を（⑤　　　　）で表現することも可能である。

語群	ア．数式　　イ．相関　　ウ．視覚的　　エ．散布図　　オ．回帰分析

やってみよう（p.123課題）

　教科書p.123の課題に取り組み，結果をまとめよう。

・相関係数を求めてみよう。	・外れ値はないか検討してみよう。

・これらの結果からどのようなことがいえるか考えてみよう。

学習の キーワード	□外れ値／□相関

> 文章などのデータは，どのように分析すればよいだろう

《•6•》 質的データの整理・分析

まとめよう

　質的データは，（① 　　　）ではコンピュータで分析しにくいことがある。そのようなデータはコンピュータが（② 　　　）できる形式に（③ 　　　）し，一致する（④ 　　　）や（⑤ 　　　）などを分析する。

語群	ア．変換　　イ．処理　　ウ．頻度　　エ．度合い　　オ．そのままの形

　教科書p.124-125を読んで，各データの分析方法についてまとめてみよう。

文章データの分析	
音のデータ分析	
画像・動画のデータ分析	

やってみよう（p.125課題）

　教科書p.125の課題に取り組み，分析結果について考察してみよう。

分析をしたテキスト　＿＿＿＿＿＿＿＿＿＿＿＿＿＿＿＿＿＿＿＿＿＿＿＿＿＿＿＿＿＿＿＿＿

多く出てきた単語

分析結果に関する考察

学習の
キーワード　□テキストマイニング

(((•7•))) データの活用①

> 社会では，大量のデータがどのように活用されているのだろうか

まとめよう

教科書p.126を読んで，データの効率的な利用の工夫についてまとめてみよう。

情報システムとデータベースの連携	
クッキー	
ストリーミング方式	
Webメール	

社会でのデータ活用

　現在の社会では，多くの機器が情報通信ネットワークにつながる（①　　　　），いつでもどこでも情報を利用できるように情報システムが情報通信ネットワークに接続する（②　　　　）の利用が進んでいる。
　データの（③　　　　）が拡大することで，分析可能なデータが（④　　　　）として蓄えられ，結果的に（　①　）や（　②　）関連技術がさらに発展し，データの利用がますます推進されていく。

語群　ア．IoT　イ．流通量　ウ．クラウド　エ．ビッグデータ

やってみよう（p.127課題）

教科書p.127の課題に取り組み，温暖化の傾向について考察してみよう。

学習のキーワード　□クッキー／□ストリーミング方式／□Webメール／□IoT

(((•8•))) データの活用②

膨大なデータはどうやって
分析しているのだろうか。

まとめよう

教科書p.128を読んで，人工知能（AI）についてまとめてみよう。

教科書p.128-129を参考に，人工知能の活用例についてまとめてみよう。

自動車	
家	
医療	

やってみよう（p.129課題）

教科書p.129の課題に取り組んで，話し合ったことについてまとめてみよう。

①身近にあるAIを使った機器。

②その機器に入力したものは何か。

③AIが出した答えはどのようにして判断されたのか。

学習の
キーワード　□AI

☑ 要点の確認

1節 情報通信ネットワークと情報システムのしくみを知ろう

1．次の空欄に当てはまる最も適当な語句を語群より選びなさい。

●コンピュータ同士が通信相手のコンピュータを特定するためには（① 　　　）を使用します。また，通信するために必要な約束事を定めたものを（② 　　　）といいます。

●家庭や学校でコンピュータなどのネットワークを構成する際には，（③ 　　　）を作成します。

●コンピュータやネットワークを活用して，さまざまな情報を管理し提供するシステムを（④ 　　　）といいます。

語群 　ア．通信プロトコル 　イ．LAN 　ウ．情報システム 　エ．IP アドレス

解答欄

①	②	③	④

2．情報システムは，利用者から①どのような情報を受けて，②どのような情報を返しますか。例を一つ挙げなさい。

2節 情報の安全を守るしくみを知ろう

1．次の空欄に当てはまる最も適当な語句を語群より選びなさい。

●許可された人だけが情報を使えるように，ID とパスワードによる（① 　　　）が行われます。組織における，情報を守るための考え方や約束事をまとめたものを（② 　　　）といいます。

●フィルタリング機能をもちコンピュータへの外部からの不正侵入などを防ぐしくみを（③ 　　　）といいます。また，もし第三者に情報が見られても意味がわからないように（④ 　　　）した通信を行います。

語群 　ア．個人の認証 　イ．暗号化 　ウ．情報セキュリティポリシー
エ．ファイアウォール

解答欄

①	②	③	④

3節 データを活用してみよう

1．次の空欄に当てはまる最も適当な語句を語群より選びなさい。

●国や地方公共団体などが無償で提供し，利用できるようにしたものを（①　　　）といいます。

●データを管理・蓄積する方法で，クエリにより検索などを行うものを（②　　　）といいます。

●データには，数値として記録される（③　　　）と，分類や区分を表す（④　　　）があります。

●大量のデータを集めたとき，（⑤　　　）を用いてデータ全体の傾向をつかみます。

●ほかのデータから明らかにかけ離れたデータのことを（⑥　　　）といいます。

語群　ア．外れ値　イ．データベース　ウ．オープンデータ　エ．量的データ
オ．代表値　カ．質的データ

解答欄

①	②	③	④	⑤	⑥

2．家庭や情報システムなどにAIを使うことで，どのようなことができるようになりますか。例を一つ挙げなさい。

Memo

Memo

情報社会のこれからを考えよう

((·1·)) 情報社会とこれまでの学び

> これまで学習してきたことが，情報社会でどのように役立つだろうか

まとめよう

　これまで学習してきたことをどのように活かしていきたいか，社会との関連を考えてまとめてみよう。

情報技術と情報デザインについて

情報とコミュニケーションについて

情報の科学的な活用について

社会での情報の活用について

学習の
キーワード

これからの社会で，情報に関して必要となる考え方は何だろうか

(((2))) 情報社会を創造する私たち

まとめよう

現在，（①　　　　）を活用したデジタル・プラットフォーマが，（②　　　　）・（③　　　　）・（④　　　　）などの制約を超えた新たなビジネスモデルを用いてさまざまな産業に進出し，従来の産業に影響を与え成長している。

将来は（⑤　　　　）などのセンサから（⑥　　　　）が集積され，（⑦　　　　）が解析し，（⑧　　　　）などを通して人々に，産業や社会に新たな価値をもたらす新たな情報社会がやってくると考えられる。このような新たな（　①　）を活用した技術は，人間の仕事を奪うものとしてとらえるのではなく，私たちの能力を（⑨　　　　）するものとしてとらえて活用していくことになるであろう。

語群	ア．AI　イ．ICT　ウ．IoT　エ．拡張　オ．時間　カ．場所　キ．国境　ク．ロボット　ケ．ビッグデータ

望ましい情報社会を創造するために，これからどのように情報と関わっていきたいか。考えを書いてみよう。

やってみよう（p.135課題）

教科書p.135の課題に取り組んでみよう。

①最近開発され，現在の社会でよく使われているものを考えてみよう。 ②この10年でどのような技術が生まれたのか考えてみよう。 ③今から10年後の社会では，どのような新しいものが生まれているか，その際に必要な技術をまとめ，話し合ってみよう。

学習のキーワード　□ICT

総合実習

教科書 p.136 〜 137

災害に備えた情報を用意しよう

今まで学習してきたことを活用しながら，情報によって問題を解決する活動を行ってみましょう。

問題の発見

いざというときの災害に備えて，より身近で役に立つ情報を用意したい。

課題の設定

①災害に備えるためにどのような情報があれば便利だろうか。インタビューを行い，意見を収集しよう。

集まった意見を書こう。

②集まった意見から取り組めそうなものを話し合い，2つ選んでみよう。また，担当を決めてみよう。

内　容	目　的	担　当

取り組み1 　取り組む内容を書いてみよう

①取り組む手順をまとめてみよう。	③必要な情報を整理し，活用しやすいようにまとめてみよう。
②必要な情報を集めよう。	

取り組み2　取り組む内容を書いてみよう

①取り組む手順をまとめてみよう。	③必要な情報を整理し，活用しやすいようにまとめてみよう。
②必要な情報を集めよう。	

発表

取り組んだ内容を効果的に伝えるために工夫する点をまとめてみよう。

評価・改善　自己評価・他者評価を行い，改善点を考えてみよう。

自己評価

評価項目	評価
言いたいことが伝えられた	A　B　C　D
興味を感じてもらえた	A　B　C　D
わかりやすく伝えられた	A　B　C　D
	A　B　C　D
自由記述欄	

他者評価

評価項目	評価
言いたいことが伝わった	A　B　C　D
興味を感じた	A　B　C　D
わかりやすかった	A　B　C　D
	A　B　C　D
コメント	

評価を基にして，どのような点を改善すべきかまとめてみよう。

資料 情報の表現の工夫

　人に情報を伝えるには，時間や場所，相手に応じて表現に工夫が必要です。伝える相手がどのような情報の受け取り方をするかを考えながら，適切な表現のしかたを考えてみよう。

グラフの表現の工夫

　数値をグラフ化する場合，何を伝えたいのか，何を見せたいのかによって，有効な表現のしかたを考える必要がある。

●クラスごとに表示

組	得点
A組	81
B組	98
C組	88
D組	85
E組	97
F組	82
G組	90

●得点順に表示

組	得点
B組	98
E組	97
G組	90
C組	88
D組	85
F組	88
A組	81

クラスごとだと自分のクラスが見つけやすいね。
得点順に並び替えると現在の順番がすぐにわかるね。

棒グラフで表すと，並べ替えなくてもある程度大小がわかるね。でも細かい差がわかりにくいね。

棒グラフ化

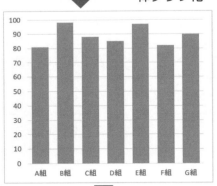

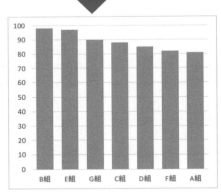

最小値を80にして表現

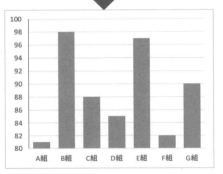

差がわかりやすくなったけど，何倍も差があると誤解してしまわないように注意が必要だね。

グラフでの表現の注意点

円グラフを立体的な表示にすることで印象を変えたり，スペースによっては大きく見せられたりすることができる。しかし，手前が大きく見えるため，誤った印象を与えてしまう（意図的にそのようなこともできてしまう）ので，注意が必要である。

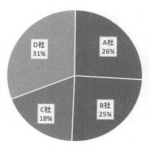

もとの円グラフ

立体的な表示にした円グラフ。「B社」は3番目だが，1番大きく見える

色だけに頼らない表現の工夫

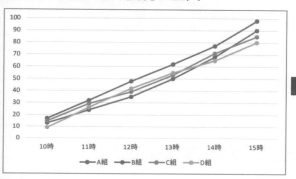

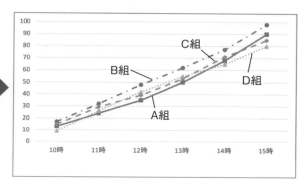

　複数の項目がある折れ線グラフは，色分けで表現できないときは見分けにくい。線の色やマーカーの形を変えたり，引出線で凡例を示したりしておくことで，単色でコピーされた場合などでも見分けることができる。

詳しくはここをクリック

Webページなどを作成する際，リンクのある場所を色だけ変えて表すと，特に色が見分けにくい場合は見落としやすい。

詳しくはここをクリック

詳しくはここをクリック

下線を入れたり，文字を太くしたりすることで，リンクがあることが見分けやすくなる。明暗差が強い方が見分けやすいが，目が疲れやすくなることもある。

知りたい情報がわかりやすく整理されていることや，さまざまな人や状況でも見分けやすいことなどが情報の表現の工夫に必要なことなんだね。

資料 プレゼンテーションのしかた (Windows版 Microsoft PowerPoint)

((·1·)) プレゼンテーション資料の作成

作成前

①プレゼンテーションの達成目標を設定する
②ストーリー展開を考える（目次の作成）

主役は聞き手

スライドの準備

（1）構成

①全スライドにタイトルをつける ➡ タイトルが聞き手の理解を助ける
②タイトルと内容を一致させる ➡ ねらいを明確にする
③スライドにすべての内容を盛り込む必要はない ➡ 説明（言葉）で補足する
④情報量によっては内容を分割し，複数のスライドを作成する
⑤簡潔・明瞭なスライドを作成する ➡ スライド＋説明（言葉）＝プレゼンテーション

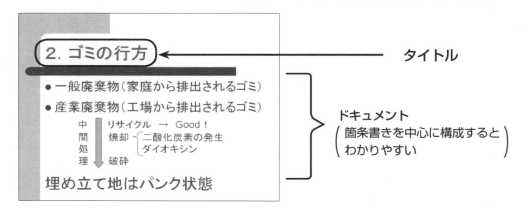

（2）作成

①文字
- 大きさは 24 ポイント以上（可能ならば 32 ポイント以上）
- 文字色と背景色は読みやすい組み合わせを考える
- 書体は太くて見やすいものを用いる（基本的にゴシック体）

②図形・グラフ ➡ 効果的に使う
③強調技法 ➡ 大きさ・書体・色・枠・吹き出し・アニメーション効果 など
④表示効果 ➡ スライドに動きをつけることで，興味を持たせる

((・2・)) 効果的な発表手順

① プレゼンテーションの内容の決定
- 情報の収集
- ストーリー作成

② 資料作成
- 提示資料の整理，加工
- 配布資料の用意

③ リハーサル
- 他人に聞いてもらいながら，リハーサルする
- 時間設定

④ 本　番
- 服装，姿勢，態度
- 視線，話し方

（発表後）

評価，改善 ➡ 発表をふり返り，評価し，次回への課題を明確にする

↓

次回のプレゼンテーションに生かす

▌ プレゼンテーションのポイント

1. 聞き手が主役であることを忘れない

2. プレゼンテーションの目的を明確にする：何のために説明や提案をするのか？

　　評価の観点 プレゼンテーションの目的が明確であるか。

3. 対象や条件を考える：場所・手順・対象・人数・発表時間

　　評価の観点 聞き手の年齢や関心を考えた内容になっているか。
　　　　　　　　会場の広さや人数に合った話し方ができたか。
　　　　　　　　発表時間を守れたか。

4. 情報を効果的に活用する：情報の収集・まとめ・加工方法は適切か？

　　評価の観点 伝達する情報の内容が整理されているか。
　　　　　　　　情報を伝える順序がわかりやすかったか。
　　　　　　　　提示画面と口頭説明のバランスはよかったか。
　　　　　　　　写真，表やグラフを使って視覚的に伝える工夫をしたか。

5. 話し方に気をつける：声の大きさ・話のスピード・相手を引きつける説得力のある話術

　　評価の観点 聞き取りやすい声の大きさ，話のスピードであったか。
　　　　　　　　話にメリハリがあり，印象に残る話し方ができたか。

6. リハーサルを行う：必ず誰かに聞いてもらい，アドバイスをもらう

　　評価の観点 リハーサルを行い，手直ししたか。

資料 # 表計算ソフトウェアの使い方 （Windows版Microsoft Excel）

関数

関数とは，さまざまな計算や処理を自動的に行うために，Excel にあらかじめ定義されている数式である。目的に合った関数を使えば，計算式を入力して数値を求めるよりも簡単に数値の処理ができる。

よく使う関数の例 （関数は小文字で入力してもよい）

関　　数	書式・使用例等
SUM	書式　SUM（数値1，数値2，・・・） 【使用例】 ① SUM（10, 20, 30）→　　60 　　　　　↓ 　　10+20+30＝60 ＊合計する数値の範囲を指定する。 ② SUM（A2：C2）→　　30 　　　↓ 【合計を求めたいセルの範囲】　A2 ～ C2 表： 　　1月｜2月｜3月｜合計 2｜5｜10｜15｜
AVERAGE	数値の平均を求める。 書式　AVERAGE（数値1，数値2，・・・） 【使用例】 AVERAGE (A2：C2) →　　70 　　↓ 【平均を求めたいセルの範囲】　A2 ～ C2 表： 　　国語｜数学｜英語｜平均 2｜60｜70｜80｜
RAND	0以上1未満の乱数を出力する。 書式　RAND（） 【使用例】 ① RAND( )＊100 →　0から100未満の乱数を出力する。 ② INT(RAND( )＊101) →　0から100までの整数の乱数を出力する。 ③ INT(RAND( )＊100)＋1 →　1から100までの整数の乱数を出力する。 ＊ワークシートの再計算を行うたびにセル内の乱数は変わる。

MAX	指定された範囲の最大値を求める。 書式 MAX（数値1，数値2，・・・） 【使用例】 MAX（B2：B7）→ 93（最高点は93点） ↓ 最大値を求めたいセルの範囲 B2 〜 B7
MIN	指定された範囲の最小値を求める。 書式 MIN（数値1，数値2，・・・） 【使用例】 MIN（B2：B7）→ 42（最低点は42点） ↓ 最小値を求めたいセルの範囲 B2 〜 B7
IF	書式 IF（条件，[真の場合]，[偽の場合]） 【使用例】 IF(B2<70,"不合格","合格") → 不合格（B2<70は真である） 70未満である 真 不合格　偽 合格
COUNTIF	指定された範囲に含まれるセルのうち，検索条件に一致するセルの個数を求める。 書式 COUNTIF(範囲，検索条件) 【使用例】 COUNTIF(B2:B7,">=60") → 4（60点以上の人数） 個数を求めたいセルの範囲 B2 〜 B7

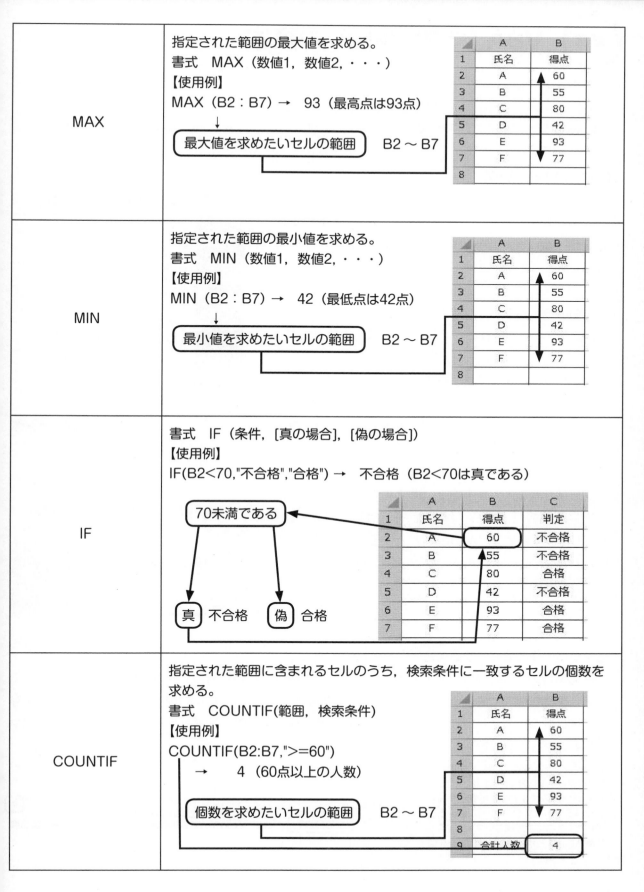

資料 VBA（マクロ言語）の基本

　VBAは「Visual Basic for Applications」の略称で，Microsoft社が開発したマクロ言語の一つ。Officeなどのソフトウェアで，マクロ機能を作成するときに使う。

※基本的にExcel2010以降の手順を例に解説します。環境等により画面や操作が若干異なる場合があります。

VBAを使用する準備

①「開発」リボンを表示する（教科書p.148参照）

　VBAを使用するためには，[開発] リボンを表示する必要がある。ファイルリボンをクリックした後，左の一番下にある「オプション」をクリック。

　「リボンのユーザー設定」をクリックした後，「開発」の左側のチェックボックスをクリックし，チェックすると，開発リボンが現れる。

②プログラミングの画面を開く

　新しいファイルを開き，[開発] リボンの [コード]にある「Visual Basic」をクリックすると，プログラミングができる開発環境の画面が出てくる。

③プログラムを入力する場所（標準モジュール）の作成

　開発環境の画面から，「挿入」→「標準モジュール」をクリックすると，「Module1」というウインドウが表示される。このウインドウの中にマクロを作成していく。モジュールの名前は変更できる。

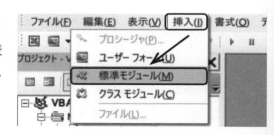

④マクロの作成を終了する場合

　開発環境の画面の「ファイル」から「（ファイル名）の上書き保存」で，作成中のマクロを保存できる。画面を閉じても，元のExcelファイルは開いている。ファイルを保存するときは，標準の保存形式では安全のためにマクロを保存できないため，保存の画面から「ファイルの種類」→「Excelマクロ有効ブック」を選択してから保存する。

> このファイルを開こうとすると，「セキュリティの警告」の帯が表示されて，安全のためにマクロが無効化される。開いて問題ないファイルであれば「コンテンツの有効化」をクリックする。

マクロの作成（基本）

①標準モジュールを開く

前のページの③の手順で作成した標準モジュールを開く。ウインドウが表示されていない場合は，画面左側にある標準モジュール（「Module1」など）をダブルクリックすると表示される。

②入力する

標準モジュールのウインドウに，次のように入力してみよう。入力後は保存しよう。

・日本語のところ以外は半角英数字で入力する。

・字下げはTabキーで行う。

```
Sub マクロテスト()
    Range("A1") = "こんにちは"
End Sub
```

③マクロを実行する

Excelのシートに戻って（開発環境の画面は閉じなくてもよい），[開発] リボンの [コード] タブから「マクロ」をクリックする。

「マクロ」ダイアログボックスが表示されたら，先ほど作成したマクロを選択して「実行」をクリックする。

→A1セルに「こんにちは」が入力される。

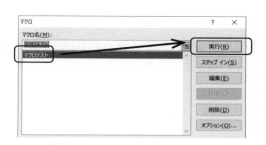

▶やってみよう

このマクロに行を追加して，A2セルに「さようなら」と表示させてみよう。

マクロの作成（基本的な計算）

①演算子について

マクロを使って計算をするには，Excelと同じ演算子を使う。

演算子	計算
+	加算
-	減算
*	乗算
/	除算
\	除算の商
^	べき乗

②入力する

標準モジュールのウインドウに，次のように入力してみよう。入力後は保存しよう。

```
Sub 計算()
    Cells(1, 3) = Cells(1, 1) + Cells(1, 2)
End Sub
```

「Cells(行,列)」はセルを指定する。変数でも位置を指定できる。列は「A～C」が「1～3」に置き換えられるので注意する。

③マクロを実行する

「マクロの作成（基本）」の③と同じ手順でマクロを実行する。その際，A1とB1にあらかじめ数を入力しておく必要がある。この場合は，A1とB1に入力された数の和がC1に表示される。

▶やってみよう

このマクロを修正して，乗算の結果をC1に表示させてみよう。

VBAを使った簡単なプログラミング

VBA（Visual Basic for Applications）とは

　VBAは,Word（文書処理ソフトウェア），Excel（表計算ソフトウェア），Access（データベースソフトウェア）などで利用することができ，これらのデータの連携を取ることもできる。

　Visual Basicはオブジェクト指向型言語といわれ，ディスプレイに表示されているものや記憶しているデータの集まりを「オブジェクト（対象）」，それらを操作する関数などを「メソッド（方法）」として，これらをセットにして考える方法を採用した言語である。また，多くのユーザインタフェース（メッセージボックスやインプットボックスなど）やデータ処理用関数などを備え，高度な機能を持つアプリケーションプログラムを，比較的容易に作成することができる。

VBAマクロプログラムの編集と実行方法

　1）編集のしかた（Excelの例）

　①［表示］→［マクロ］→［マクロの表示］（または，Alt+F8）で，マクロ編集用ボックスが現れる。

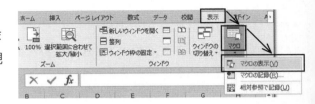

　②マクロ名のすぐ下の空欄に，新しく作成するマクロの名前を入力し，作成ボタンをクリックする。

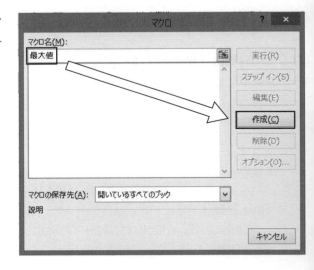

　他のプログラミング言語と同様に，VBAにおいても悪意のあるウイルスを作成することができてしまう。マクロを有効にしなければ感染することはまずないが，不審な電子メールに添付されているファイルやWebサイトからダウンロードしたファイルのマクロを不用意に実行してしまうと感染の危険性があるので，注意が必要である。

90

③右の編集用画面が表示されるので，マクロを記述する（メッセージ以外は，半角文字で入力すること）。

※右の例は，インプットボックスに負の値が入力されたら処理をやめ，これまで入力した値の最大値を示すプログラムである。

④［ファイル］→［終了してMicrosoft Excelに戻る］で，いったん表計算の画面に戻る。

```
Sub 最大値()
    Dim Max As Integer
    Dim a As Integer
    Max = 0
    a = InputBox("負の値を入力すると終了")
    Do Until a < 0
        If Max < a Then
            Max = a
        End If
        a = InputBox("負の値を入力すると終了")
    Loop
    MsgBox (Max)
End Sub
```

⑤再び［表示］→［マクロ］→［マクロの表示］で右の表示を出すと，作成したマクロの名前が表示されている。

⑥［実行］のボタンをクリックすると，マクロが実行される。

2) プログラムを作成するときによく使用する命令（教科書に記述のあるもの以外）

Exit Sub	前述のような方法でつくられたマクロとしてのプログラムを終了させる命令。プログラムの途中で動作を終了させたいときに使う。
Goto	「Goto ラベル」（ラベル：プログラム中の位置を指定する名前）とすることで，ラベルの場所へ分岐することができる。多用すると混乱しやすいため他の（IF THENなどの）制御構造を利用した方がよいといわれる。
Gosub・・・ Return	「Gosub ラベル」とすることで，ラベルの場所へサブルーチンとして分岐する。また，サブルーチンの最後に「Return」とすることで，プログラムのどこから分岐してきても，元の場所に戻ることができる。

資料 # 表計算ソフトウェアを使ったデータの分析

散布図の作成

相関関係があるかどうかを調べるには，表計算ソフトウェアを利用するとよい。ここでは，散布図を使い相関関係を調べてみよう。

①相関図を作成する対象となるデータを選択する。

②［挿入］から散布図を選ぶと散布図が作成される。

できた散布図は，縦軸が売り上げ，横軸が気温になっているので，縦軸と横軸を入れ替えたいな。

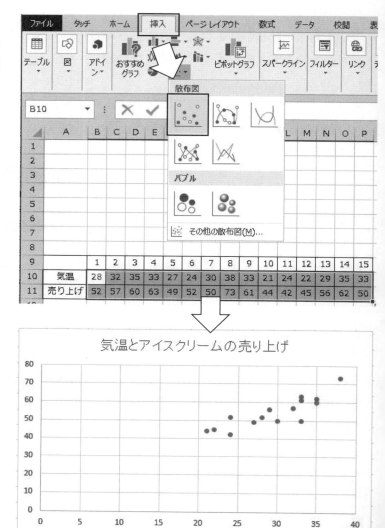

		1	2	3	4	5	6	7	8	9	10	11	12	13	14	15
10	気温	28	32	35	33	27	24	30	38	33	21	24	22	29	35	33
11	売り上げ	52	57	60	63	49	52	50	73	61	44	42	45	56	62	50

気温とアイスクリームの売り上げ

※相関図の縦軸と横軸を変更したいときは，［デザイン］→［グラフの種類の変更］を選択し，［編集］の項目から［系列Xの値］と［系列Yの値］を入れ替える。

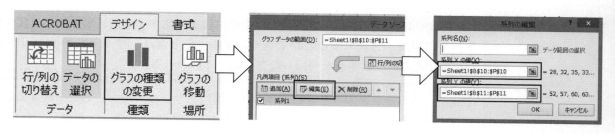

③散布図内の点の上で右クリックをし，メニュー画面を表示させる。表示されたメニューから［近似曲線の追加］→［線形近似］を選択すると，回帰直線の入ったグラフが作成される。

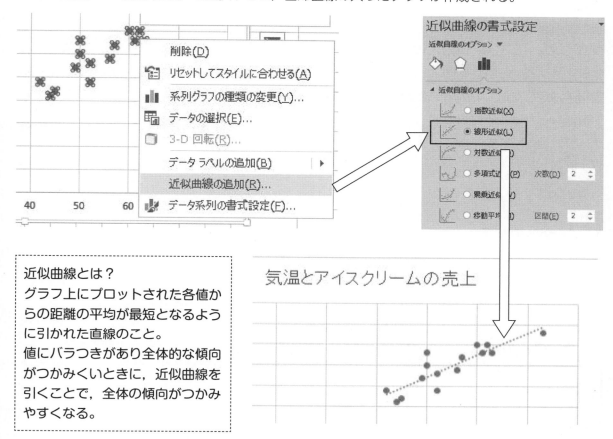

近似曲線とは？
グラフ上にプロットされた各値からの距離の平均が最短となるように引かれた直線のこと。
値にバラつきがあり全体的な傾向がつかみくいときに，近似曲線を引くことで，全体の傾向がつかみやすくなる。

※近似曲線の書式設定の画面で［グラフにR-2乗値を表示する］を選択すると決定係数（回帰直線の精度を表す値）を表示することができる。

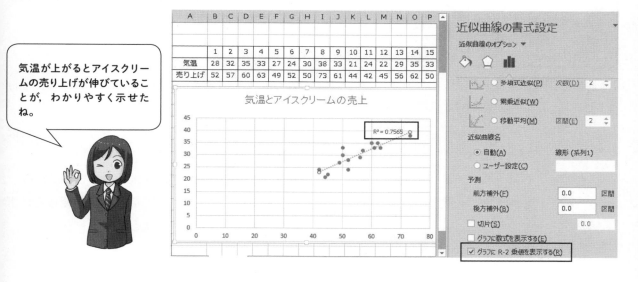

気温が上がるとアイスクリームの売り上げが伸びていることが，わかりやすく示せたね。

資料 データベースソフトウェアの使い方 (Microsoft Access)

Accessは，①いくつかのテーブルにデータを分割して保存②フォームを使ってテーブルのデータを表示(追加，更新) ③クエリを用い，テーブルを参照し必要なデータを取得④指定した形式でデータを表示または印刷するレポート機能などができる複数のテーブルを関連づけて立体的なデータ管理が可能なリレーショナル型データベースソフトウェアの1つ。

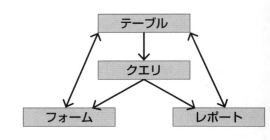

1 Accessの起動

※操作方法はバージョンによって異なります。

Accessを起動－[空のデスクトップデータベース]を選択し，保存先とファイル名を指定して[作成]をクリック(起動時の方法はいくつかある。実習時は先生の指示に従うこと)。

2 テーブルの作成 －データを蓄積する入れ物の作成。さらに，そのデータの型を指定

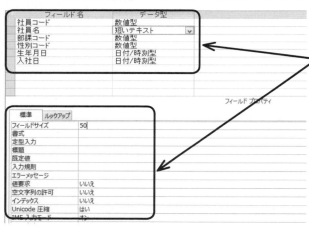

① [作成]タブをクリックし，[テーブルデザイン]をクリックする。

②フィールド名（各列の標題）とデータ型（格納する値の種類）を指定する。ここで各フィールドの書式等（最大文字列や入力規則）を指定することもできる。

・ **主キーの設定（個々のデータを区別）する場合**
(1)主キーに指定するフィールドを選択する。
(2)[デザイン]-[ツール]-[主キー]をクリックする。

③[ホーム]-[表示]-[データシートビュー]クリックする。

④「保存しますか」と聞いてくるので，よければ[OK]をクリックする。

⑤テーブル名を入力して[OK]をクリックする。

⑥データを入力。テーブルの右上の[閉じる]ボタンをクリックし保存する。

3 リレーションシップの設定 －複数のテーブルの関連づけ（データの連携・組み合わせ）

①［データベースツール］リボン［リレーションシップ］
　タブの［リレーションシップ］をクリックする。

②一覧よりリレーションを組むテーブルを選択し，［追
　加］をクリックする（Shiftキーを押しながら選択する
　と一度に複数が選択できる）。

③［閉じる］をクリックする。

④リレーションを組むフィールドをもう一つのテーブル
　にあるリレーションを組むフィールドにドラッグす
　る。

⑤（必要に応じて，［参照整合性］のチェックを入れて）
　［作成］をクリック。

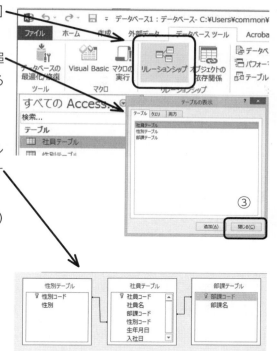

> ○正規化とリレーションシップ
> 　Accessなどのリレーショナル型のデータベースでは，
> 情報をできるだけ整理し，無駄のないテーブルを作成す
> る。これを正規化という。作成されたテーブルとテーブ
> ルを関連づけることをリレーションシップとよぶ。

4 クエリの作成 －テーブルを参照し必要なデータを取り出す

（クエリはテーブルと同じような表の形式を取っているが，クエリ自体はデータを持っていない）

①［作成］リボン［クエリ］タブから［クエリデザイン］
　をクリックする。

③クエリの作成に使うテーブルを選択し，［追加］をク
　リックする。

④［閉じる］をクリックする。

⑤クエリに表示させるフィールドを指定する。
（並べ替えや抽出・条件等の設定もできる）

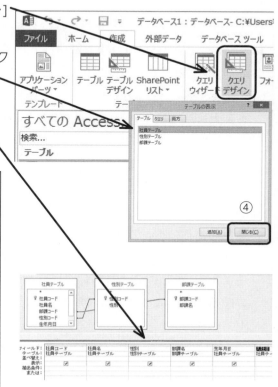

> ○クエリとSQLステートメント
> 　［デザイン］リボン［結果］タブ-［表示］-［SQLビュー］
> をクリックすると以下のような画面が表示される。
>
> ```
> SELECT 社員テーブル.社員コード, 社員テーブル.社員名, 性別テーブル.性
> 別, 部課テーブル.部課名, 社員テーブル.生年月日, 社員テーブル.入社日
> FROM 部課テーブル INNER JOIN (性別テーブル INNER JOIN 社員テーブル
> ON 性別テーブル.性別コード = 社員テーブル.性別コード)ON 部課テーブル
> .部課コード = 社員テーブル.部課コード;
> ```
>
> 　これは，SQL言語というデータベース専用の言語で記
> 述された命令文である。内容は，クエリで指定した処理
> そのものである。Accessのクエリを作成すると自動的
> にSQLステートメントが生成される。

5 フォームの作成　－データの入力，表示用の画面の作成<表形式のフォーム作成例>

①もとになるテーブルまたはクエリを選択する。

②[作成]リボン[フォーム]タブから[フォーム]をクリックし，[その他のフォーム]-[複数のアイテム]を選択する。

③表形式のフォームが自動で作成される。

④[フォームレイアウトツール]リボン[表示]タブ[デザインビュー]でデザインモードに切り替え，レイアウト等を調整する。

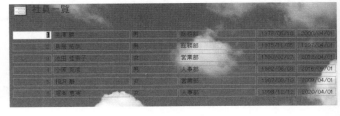

6 レポートの作成　－印刷するときのレイアウトを作成<表形式のフォーム作成例>

①レポートのもととなるテーブルやクエリなどを選択する。

②[作成]リボン[レポート]タブから[レポート]をクリックする。

③表形式のフォームが自動で作成される。

④[表示]-[デザインビュー]でデザインモードに切り替え，レイアウト等の調整。

社員一覧

社員コード	社員名	性別	部課名	生年月日	入社日
1	金澤 勝	男	総務部	1978/05/10	2000/04/01
2	鳥屋 拓哉	男	総務部	1975/11/05	1997/04/01
3	池田 佳奈子	女	営業部	1990/02/27	2012/04/01
4	小原 克彦	男	人事部	1992/08/08	2016/09/01
5	相沢 静	女	営業部	1987/09/10	2009/04/01
6	堀本 恵実	女	人事部	1998/12/12	2020/04/01

Excel(表計算ソフトウェア)とAccess(データベースソフトウェア)，どちらが便利？

　最近のアプリケーションソフトウェアはさまざまな機能がついていて，特定のソフトウェアでなければできないということは，一部を除いて少なくなってきている。わたしたちが通常お目にかかるデータの量であれば，何かと手順を踏む必要があるデータベースソフトウェアを利用しなくても，表計算ソフトウェアのシート1枚で管理した方が手軽なことが多い。それではデータベースソフトウェアの特徴は何だろうか。

①Accessでは，あらかじめデータを蓄積する場所をつくり，型を定義する。間違った形式のデータを入力しようとするとエラーになり，蓄積されるデータに不整合が起こらないように管理することができる。

②たとえば，学籍番号，名前，部活動名，顧問名の4つの項目で表計算ソフトウェアによって一覧表を作成したとする。年度が変わり，部活動の顧問の先生が代わったと仮定する。一覧表から該当部活動を探し出し，顧問名を変更することになる。変更した部活動に所属している生徒数分の作業が必要となる。これに対して，データベースソフトウェアで「テーブル1」に学籍番号・名前・部活動名を，「テーブル2」に部活動名・顧問名を管理しておいたとすると，ここでの変更は，「テーブル2」の顧問名を変更した部活動の数だけでよい。「正規化」されたデータベースであれば，管理が容易になり，項目が多くなれば，なおさら作業量やデータの信頼性（ミスの発生）に差が出てくる。

　表計算ソフトもデータベースソフトウェアも，目的，データの規模，保守の方法に合わせた利用によって，それぞれのソフトウェアの持っている機能のよさが発揮される。